CHUANDIAN ZHIZUO JISHU

川点制作技术

主 编 马素繁

四川教育出版社

·成 都·

图书在版编目（CIP）数据

川点制作技术/马素繁主编．—修订本．—成都：四川教育出版社，2010.4

ISBN 978-7-5408-5044-9

Ⅰ．川...　Ⅱ．马...　Ⅲ．面点-制作-四川省-职业教育-教材　Ⅳ．TS972.116

中国版本图书馆CIP数据核字（2009）第023059号

责任编辑　樊佳林
版式设计　张　涛
封面设计　何一兵
责任印制　徐　露
出版发行　四川教育出版社
　　地　　址　成都市槐树街2号
　　邮政编码　610031
　　网　　址　www.chuanjiaoshe.com
印　　刷　四川福润印务有限责任公司
制　　作　成都完美科技有限责任公司
版　　次　2018年3月第7版
印　　次　2018年3月第1次印刷
成品规格　146mm×208mm
印　　张　7.375
定　　价　18.00元

如发现印装质量问题，请与本社调换。电话：（028）86259359
营销电话：（028）86259605　　邮购电话：（028）86259694
编辑部电话：（028）86259381

出版说明

为贯彻中共中央《关于教育体制改革的决定》的精神，适应职业技术教育发展的需要，继承和发扬川菜与川点的传统技艺，我们特地组织四川烹饪高等专科学校的一批精通川菜、川点技艺，教学经验丰富的教师编写了《川菜烹调技术》（上）（下）、《川点制作技术》共三本教材。其目的在于培养一批有理论知识，有实践能力，热爱烹饪事业的新一代烹调师。

此套教材从1987年出版至今，已修订四次。目前又作了第五次修订，对内容作了增删，在附录部分增写了粥的品种。此套教材经过近20年的社会检验，证明它不失为职业高级中学烹饪专业的优秀教材；同时它也是自学厨艺的良师，炊事工作者必备的业务书籍，烹饪爱好者的最佳参考读物。

《川点制作技术》重点讲述面食制作的基础知识和基本操作技术与方法以及面点的实例。突出介绍了川点制作的独特风格与技艺。

本册由彭鹏、赵伟琛、李代全执笔，生化及营养部分经李彪修改。主编马素繁，副主编张富儒。由于本书已出版多年，作者马素繁、赵伟琛老师已相继谢世。

2009年2月

目　录

第一章 概　述

一、面点的历史发展概况

我国是世界上最早的农业古国。随着农业的发展，人们不再满足于把米、麦等粮食作物简单地煮熟充饥，而要求将其制成多样化、美味化、营养化的食品。面点小吃就是在这种需求的基础上发展起来的。早在3000多年前的夏商时期，我国已有简单的面点制品。2000多年前的春秋战国时期，已有酵面蒸饼、烧饼、米粉等面点。汉魏时期，人们把以面为食者皆谓之饼，火烧而食者呼之为烧饼，水煮而食者为汤饼，笼蒸而食者为蒸饼，故亦将馒头谓之蒸饼。在唐代，民间已把面点小吃当作早餐必备食品之一。

唐宋以来，随着经济的发展，面点小吃的品种日益增多。人们不再满足用单一原料制作的面点，更加追求营养丰富、形美味鲜的面点小吃。在这样的历史条件下，我国的面点小吃进入了飞跃的发展时期。掺入各种食品物制成的面点小吃应运而生。面点小吃的品种增多、营养更为丰富、口味更为鲜美、形状更为多姿多彩。它成为历代文人墨客的创作题材，写出了许多流芳百世、赞美面点小吃的美妙诗篇，创造了我国优秀的饮食文化。面点小吃既是我国优秀的物质文化遗产，也是我国优秀的精神文化遗产。

川点作为我国面点的重要组成部分，它同全国面点小吃一样，随着时代的发展而发展，而创新。到清代，仅成都地区的面点小吃已达200余种。这些面点品种，还因四川的物产、气候、川人的口味和营养需要等特点，在配料上、工艺制作上而有其独具的特点。它工艺精巧、营养丰富，见之悦目、食之味美，是我国饮食文化的重要组成部分。

改革开放以来，我国的社会经济得到空前发展，人民的生活水平得到空前提高，尤其是生活节奏的加快，人们对快餐的需求与日俱增，面点小吃已成为大众化食品。掌握、继承和发展面点制作技术，满足人民的生活需要，是我们饮食行业同仁的历史责任。

二、川点小吃的风味特色

川点起源于巴蜀民间，其后流入市肆，经技师的创造加工，不少川点各具特色，为人们所喜爱而成为名小吃。如酥糯滋润、香甜可口的“三合泥”；味鲜香而略带酸辣的“担担面”；同碗异心的“赖汤圆”；粉嫩味浓的“川北凉粉”；粗粮细作的“豆汁红薯饼”等等。此外还有融合南北各地风味特色的面点，都是老少咸宜，雅俗共赏的食品。

川点小吃，具有以下特点：

（1）四川物产丰富，农业发达，素有“天府之国”的美誉。由于得天时地利之便，为川点制作提供了丰富的物质基础。加上历代技师的辛勤劳动，川点的品种花色极其繁多，并各具特色。

（2）博采南北各地面点制作工艺与风味之长，又结合地方特色，形成独特的风味食品。既大力引进省外各地有名的风味食品，又保持其原来的制作工艺与特点，如“韭菜盒子”。有的品种则吸收其制作工艺，又在配料上适应我省特点加以变通，如“牛肉焦饼”。又如“扬州蒸饺”，既保持其制作特色，又配上咸辣微酸的味碟，就独具地方风味了。

（3）注重选料和调味，制作工艺多变，形成品种多样，形式和内容也极为丰富多彩。川点在主、辅料的选用上都有严格的规范和要求。如名小吃龙抄手，面粉须选用精粉，和面团时加上鸡蛋清，用手工擀制成厚薄均匀的皮坯；馅精选肥三瘦七的剥皮猪肉，去筋砸茸剁细，加入味精、料酒、冷鲜汤，使抄手的馅质嫩、味鲜；成熟后或加汤成原汤抄手，或加调味品成红油抄手、酸辣抄手等。在工艺上，各种面团的制作，及最后精制成型，都随品种的不同而各具特色。川式酥点的酥面就有菜油酥、猪油酥、水油酥之分；烫面可分为全烫面、半烫面、三生面、雪花面等；利用水油酥与猪油酥的适当配合，即形成别具一格的酥皮川点。

（4）川点对馅料的要求严格，选料精细，调味严谨，工艺细腻，变化甚多。例如馅不仅有生馅，还有熟馅，以及生熟掺和配制的生熟馅。无论哪一种馅，都要求具有嫩、鲜、香等特点。有些馅还可适当加入少许辣味调料，如豆芽包子、牛肉包子等，使之在上述共同特点的基础上，略具微辣，别有风味。

三、学习川点制作的目的和要求

川点的原料有：面粉、大米、糯米、玉米、高粱、薯类、豆类及花生、芝麻等。要将这些原料制作成人们喜爱的，色、香、味、形俱佳的川点，烹制人员除具有熟练的制作技术外，还必须具有强健的身体、相应的科学知识及全心全意为人民服务的思想。

川点制作技术是祖国文化遗产的一部分，也是技术性较强的专门技术。学习川点制作技术的目的就是要更好地继承这份遗产，并赋予它现代的科学技术，使它能更好地在“四化”建设中发挥作用。为此，必须学好所设的专业基础课程；在实践中勤学苦练，掌握面点制作的基本技能；虚心向老前辈学习，在学习传统技艺的基础上，不断革新，使自己成为新型的川点制作技师。我们应该担负起时代赋予的责任，利用我省丰富的物产做出更多的价廉味美的川点，以满足人们不断增长的生活需要，使人们体魄健壮、精力充沛地为社会主义建设贡献力量。

复习题

1. 试述学习川点制作的目的是什么？
2. 简述川点小吃的特点。

第二章　面点制作的设备和工具

第一节　主要设备

炉灶和锅是对各种主、副食品加热成熟的主要设备（包括面点在内）。由于面点制品成熟的方法多样，就要使用不同的炉灶和锅，以适应不同品种的需要。因此各种炉灶和锅在结构、形式和用途上都有所不同。

一、炉灶

（1）蒸灶　一般常见的是饮食业和机关单位食堂用于蒸馒头、包子的灶。其结构特点是，炉口、炉膛和炉底通风口都很大，故火力也大，灶台上装有较高的烟囱，以便通风和发散烟灰，多用煤作燃料。

（2）烘烤炉　主要用于面点制品的烘、烤，其结构特点是，体形上为方或圆，火眼宽大，炉底通风口小，炉内两旁烧煤或木炭。炉上设置铁铛，铛上烙、铛下烘烤，圆炉周围烘烤，方炉中间烙，两侧烘。现在多推行中型或大型半自动化烘烤炉。炉为长形，内部生火，热度增大，利用传送带传送烤盘慢慢经过炉火，以烘烤成熟。

（3）平炉　是一种圆形灶，下面有出灰渣口，炉膛中间空，燃烧碎煤，使用时用煤稍封住火苗，要求火力均匀，火小时用铁千插眼调剂火力的大小，适用于锅贴、烙饼、煎包子等。

（4）风车炉　炉的式样与烘炉相似，有燃煤风车炉、煤风炉，将食物放置在转动设备上，不断转动，使食品受热均匀成熟。目前有一些大型企业已使用这种大型转炉，设备完整成套，使面点制品生产效率有很大的提高。

（5）红外线食品烤箱　即运用红外线烘烤食品，在四川的大、中型企业中使用较多。设计先进、性能良好，自动控温、定时、效率较高，节省人力。

二、锅类

按用料分类，大致可分为铁锅、铜锅、铝锅、铝合金锅等，一般使用铁锅。铁锅分为生铁锅和熟铁锅。按用途可分为以下几种：

（1）水锅　水锅为生铁锅，常用大号、2号锅，蒸馒头、包子、花卷等。中、小号铁锅用来煮面、煮水饺等。

（2）炒菜锅　一般直径60～70厘米，用于炒菜、煮面、煮水饺等。

（3）平锅　平锅又名盆锅，鳌锅，分大、中、小三种规格，“三元鏊”直径60厘米，边高7厘米，底平中心凸；“七星鏊”直径45厘米，边高5.5厘米；小的直径30厘米左右，用于烘烤饼、蛋糕、酥点等，有铁或木质圆盖，如煎大饼、煎包子、锅贴饺子、水煎包子等均须加木盖。

（4）铁锅　铁锅又称勺板圆锅，直径约50厘米，厚0.14厘米，铁弯把，适用于烤各式烧饼、锅盔、烙饼等。

（5）烤盘　用白铁皮制成，长60厘米，宽40厘米，边高4.5厘米，厚0.7厘米，适用于烤制面包、饼干、蛋糕、酥饼等。

（6）铁鼎锅　四川称“吊子”，是用生铁制成的，有大、中、小三种，多用于熬汤或炖煮肉类食品，其汤汁供各种汤面食品用。

第二节　常用工具

目前我国在制作面点方面，除在大、中型饭店、宾馆、招待所、专业面食店装有饺子机、和面机、馒头机、面条机外，基本上还是靠手工操作。由于面食品种类繁多，各地方的风味又各不相同，所以在制作方法和使用工具上也有所不同。这里大体介绍如下。

一、木制类工具

（1）面案　面案又称案板、面板，是用厚木板制成的平台。在面食制作过程中，如和面、揉面、擀皮、成型等都需要在面案上操作。面案要求结实、稳定、高低适宜，案面光滑洁净。也有用不锈钢或大理石制作的，表面平整光滑，最为理想而适用。

（2）擀面杖　擀面杖是面点制皮时不可缺少的工具，对其质量要求是结实耐用，表面光滑，以柏木、樱桃木、檀木较好。擀面杖因用途及尺寸大小的不同，可分为大、中、小三个规格：

小号擀面杖，长36厘米，两端直径为1.6厘米，中间直径为2.4厘米，略呈椭圆形，适用于制作各种小包、酥饼、锅盔、水饺等。

中号擀面杖，长约50厘米，两端直径3.3厘米，中间直径4厘米，略呈椭圆形，适用于擀花卷、饼子等。

大号擀面杖，长约70厘米，两端直径为3.5厘米，中间直径为4.5厘米，略呈椭圆形，适用于擀各种手工面皮、面条等。

（3）葫芦锤　葫芦锤又称为轱辘锤，直径6.5厘米左右，直径中心点戳空，穿进一根一头大、一头小，长约30厘米的双把活动滚珠形锤状，用于擀烧卖。

（4）轴心滚筒　长约35厘米，直径10厘米的空心长圆筒；另用一根长约50厘米的圆木棒（一端约0.16厘米粗，另一端约0.13厘米粗）穿插入长圆筒空心内，用以擀各种面皮、糕点等。

（5）木箱架　根据蒸笼的大小，蒸格的高低，采用长短、厚薄相等的四块木板镶制而成，适用于蒸各种糕点、肉糕、蛋糕等。

（6）夹板　长60厘米、宽6.5厘米、厚1.4厘米的木板两块；另有长60厘米、宽3.3厘米、厚1.4厘米的木板两块，适用于夹各种年糕。

（7）糕盆　长60厘米、宽50厘米、高5厘米的长方形木架一个，底板一块。木架四周刻上长度，以便开厢改刀，适用于制作各种糕点、米花糖、苕丝糖等。

（8）油刷　木柄猪鬃油刷，木柄长10厘米、木板长7厘米、宽6.5厘米、鬃长5厘米，用于刷蒸笼和在各种半成品上刷色素和果酱汁。

（9）箱架　根据蒸笼或笼屉大小而制作的十字形木架，用于垫放蒸笼和筲箕。

（10）锅架　用圆形空心三角铁架或木架，直径50厘米、架高70厘米，专供放置各类铁锅之用。

除以上用具以外，还有木架、木桶、木瓢等，根据制作成品的要求，选用适当的工具。

二、铁、铜器类工具

面案用刀，各地使用的面刀不完全相同。现将常用的几种面刀介绍如下。

（1）片刀　长约30厘米、宽约20厘米的木把铁片刀，适用于切各种糕点、面食等。

（2）长片刀　用不锈钢制成的长40厘米、宽约15厘米的片刀，适用于切各种糕点、面皮、面条等。

（3）砍刀　刀长约18厘米、宽约8厘米、刀背厚0.5厘米、把长12厘米，适用于砍和剔骨。

（4）刮拈刀　刀长18厘米、刀身中段宽、前尖长5厘米，适用刮肉和旋削水果。

(5) 匀刀　刀身是用精木料制成的，身长18厘米、宽约2.5厘米的木条板，刀口处呈弧形，将刀片卡在木板的中上边沿，刀下的弧形木板用白铁皮固定。市场上有出售，用来削各种菜皮、苕皮等。

(6) 木柄长平铁铲　铲长20厘米、厚0.3厘米，用于平板锅，匀板锅炸、煎各种食品。

(7) 小平铲　铲长8厘米、宽6厘米、铁把长40厘米、尾端榫上木柄。用于拌和糖，翻烙各种酥饼。

(8) 饼钳　钳长40厘米，前端呈扁圆形，后有把圈，适用于夹油炸饼。

(9) 大、中、小号丝漏瓢　用铅丝编制而成。大号直径为40厘米；中号直径为25厘米；小号直径为12厘米。把长30厘米。

(10) 大抄瓢　底深5厘米、直径为28厘米、把长14厘米，瓢中的孔眼成梅花形，用来滤各种炸点。

(11) 小漏瓢　瓢的直径为12厘米、底深5厘米、把长35厘米，孔眼如绿豆大，用来滤油渣、糖渣、油炸的残渣等。

(12) 灯盏油炸盒　用白铁皮制成灯盏窝形，直径6.5厘米、高0.7厘米、底部向上凸，把长20厘米，适用炸窝子油糕、豌豆油糕等。

(13) 凉粉铜刮　用圆铜板锤制成的，直径为3.5厘米，底略平坦，边缘略凸外翻，把高6厘米，刮眼戳成豆大的斜圆形，用于刮各种粉制品，如豌豆凉粉、红薯凉粉等。

(14) 铝梳　用铝制成，长18厘米、宽3.5厘米，半节稀梳，半节密梳，市场上有售，用来做各种半成品的花纹。

（15）小剪刀　市场上有成品出售。

（16）各式蛋糕盒　用白铁皮制成的长方形蛋糕盒，长16厘米、宽8.5厘米、高4厘米。有“梅花”蛋糕盒、“荷花”蛋糕盒，条形蛋糕盒等，适用于蒸、烤各式蛋糕。

（17）花钳　一般用铜片制成，用来制作各种花色形状不同的面食。

（18）铜模具　一般用于制作干点，形状有三角、圆形、椭圆、方形等多种，周围有不同的圆齿或条纹状。模具的大小、高低，按要求的标准为宜。

（19）木模具　用柏木、樱桃木等硬木质制成木模具，雕刻上各种花纹、图案、食品名称、企业名称，形状不限，以大方美观为宜。如月饼模有圆形，其他有长方形、三角形、椭圆形、方形等。

3. 竹器类工具

竹器工具，如刷把、簸箕、蒸笼、格筛、筲箕、面筷、面篼、箩筐等，有的规格很多，可根据需要，在市场上购买或定做。

4. 其他类工具

大小石磨、铜磨、碓窝、石缸、瓷盒，各种调料瓷缸、瓷盘、滤帕布、布口袋、麻袋、鬃扫、鬃刷、毛笔、粉刷、盘秤、磅秤、米缸、油缸等。

第三节 常用的炊事机械

随着生产和科学技术的发展，饮食行业、宾馆及单位食堂等使用的机械设备逐渐增加。常用的炊事机械有和面机、饺子机、切面机、馒头机、绞肉机、削面机、元宵机、磨浆机、切肉机、绞馅机、多功能饭锅等。几种主要的炊事机械如下。

一、和面机

和面机，又称搅拌机，有立式、卧式和象鼻式三种类型。和面机主要由机架、搅拌锅、电机及转动装置组成。其功用是将原、辅材料通过机械搅拌，调制成符合工艺要求的面团。选用和面机时，应注意选择有变压和安全装置的机械，其规格大小应与生产量相适应。使用时，注意安全和清洁卫生，并经常注意机械的维护和保养。

二、馒头机

馒头机，又称面团分割机，有半自动式和全自动式两种。半自动式是采用一部分机械分割工具，结合手工操作的分割办法。可分割直条面团、方形面团、圆形面团几种，主要由加料斗、螺旋输送器、切割器、输送带等组成。馒头机制出的馒头大小均匀，形状一致，有筋力。馒头机与和面机配套使用，最为理想。

三、切面机

切面机，又称为面条机。它分手摇面条机和电动面条机两种，采用单机头、铸铁架、偏心调隙结构。由轧辊、丝刀、偏心套、分度盘、隔板、托盘、机架、电动机、电器开关等零件组成。切刀有粗齿、细齿之分，细齿一般约1.5毫米，粗齿约3.5毫米，齿牙愈密，轧出的面条越细，可根据需要，装配粗齿或细齿切刀。

四、绞肉机

绞肉机，用于绞轧肉馅、豆沙等，由机筒、推进器、刀具等零件组成。手摇绞肉机适用于小企业，电动绞肉机每小时可绞肉75千克以上，适合大型饭店、宾馆使用。

五、饺子机

饺子机，是利用机械滚压成型来制作饺子的机器，馅心的多少，皮厚皮薄可以调节。每分钟能生产50千克以上的饺子，机制饺子馅心不够均匀，不如人工操作的结实，口味也较差。

六、打蛋机

打蛋机，分立式打蛋机和卧式打蛋机两种。立式打蛋机用途较广，在面点制作中用作搅打鸡蛋，以及粉浆与糖浆的混合，也适合面点的搅拌等。立式打蛋机种类多，结构大致相同，由三角带轮、花键轴、轴、锥齿轮、套壳、齿轮、搅拌架轴、手轮等组成。其运转轨迹如行星运行，使原料搅拌极为均匀，每分钟转速为 100、142、190 和 250 转四挡。

七、磨浆机

磨浆机，分为铁磨盘和砂轮磨盘两种，由动磨盘、静磨盘、进料斗、出料斗、机体、电动机和尼龙网筛等组成。主要用于制作米浆、豆浆、汤圆粉、糕粉等。具有使用方便、省力、省时，维修简易等特点。

复习题

1. 炉灶的构成有几种形式？说说各有什么特点。
2. 红外线食品烤箱有什么优点？
3. 怎样认识小工具的作用？
4. 馒头机、切面机的功用是什么？

第三章　面点的原料和制作要领

第一节　面点的主要原料

一、面粉

1. 面粉的种类和品质

面粉是由小麦加工磨制而成，又称为麦粉，是面点生产四大原料之一。小麦生产遍及全国，品种繁多，各种小麦的质量与出粉率差别也较大，归纳起来，有三种分类方法。

（1）按播种季节可分为冬小麦和春小麦。

（2）按麦粒性质可分为硬麦（即玻璃质麦）和软麦（即粉质麦）。

（3）按麦粒颜色分为白色麦和红色麦。

小麦粒是由表皮、糊粉层、胚乳和胚芽四部分构成的。表皮的主要成分是纤维素、少量的含氮物、水分和灰分等。糊粉层位于表皮的内部，除含有纤维素外，还含有较多的蛋白质和脂肪，以及微量的灰分、维生素，营养价值较高。但因其细胞较大，组织坚韧而不易被磨成细粉，在特制粉中含量较少。胚乳是小麦的主要部分，含有大量的淀粉、蛋白质，还有水分、微量的脂肪、灰分及纤维素等。胚芽位于麦粒的最下部，所占体积比例最小，含有大量的蛋白质、淀粉、脂肪、纤维素和丰富的维生素 B、维生素 E 及酶。

不同小麦品种的特点：

红皮硬质小麦：表皮层呈红色或红褐色，胚乳中含蛋白质较多，结构较紧密，面粉筋力强、品质优，但面粉颜色比较差。

红皮软质小麦：表皮层呈深红色或红褐色，胚乳中含蛋白质较少，结构松散，面粉筋力和品质均比红皮硬质麦差。

白皮硬质小麦：表皮呈白色、乳白色或黄白色，胚乳中蛋白质较多，结构紧密，面粉筋力强，品质优，粉色好。

白皮软质小麦：表皮呈白色、乳白色或黄白色，胚乳中含蛋白质较少，结构较松散，面粉筋力和品质均比白皮硬质小麦差。

我国东北、西北地区及西藏高原属于春季播种，秋季收获的春小麦地区。春小麦表皮层厚，颜色深，多是红皮硬质小麦，面筋含量高，品质较好，而出粉率低。冬小麦是秋冬季播种，第二年夏季收获，可分为北方冬小麦与南方冬小麦。南方冬小麦表皮层颜色较深，表皮层较厚，软质小麦较多，出粉率低，品质差。北方冬小麦表皮层多为白色，皮薄，硬质麦多，出粉率较高。

2. 面粉的质量鉴定和检验

小麦经过加工磨制成面粉后，其质量除了受小麦品种和产地不同的影响外，又可因加工精度的不同，分为特制粉、标准粉、普通粉、全麦粉。制作面点时，常使用特制粉和标准粉。

通常以粉色和是否含有麸量来检验粉的质量。粉色，指面粉的颜色；麸量，指混入面粉中的被磨碎的麸皮碎片。通常以粉色和麸量作为面粉加工精度的指标。检验时，可将被检验的面与标准样品对照比较即可得知。特制粉和标准粉纯度高，基本上没有麸皮，所以粉色洁白。

测定面粉的面筋产出率，是检验面粉质量的一个重要方面。方法是用精度为 1/100 克天平称取少量被检验面粉试样，放入容器中，加入约占粉样重量 1/2 的清水，和成面团，以不粘器皿和手为度，放入净水中静置 20 分钟。再将面团放在 54 目（每平方英寸 54 孔）筛绢上一面揉搓，一面冲洗，把面团中的淀粉等洗净，剩下的就是面筋团。洗至面筋团内挤出的水洁净为止。反复挤去面筋团中的水分，待黏手时称重。然后再洗 5 分钟称重，至前后两次重量之差不超过 0.1 克时，用后一次重量计算百分率。

$$\text{湿面筋}\% = \frac{\text{面筋重量}}{\text{面粉试样重量}} \times 100\%$$

此外还可测定被检验面粉中灰分的含量多少，以判断面粉加工精度的高低。测定方法有高温标准法和低温标准法，就不一一列举了。

3. 面粉的主要营养成分及其性质

面粉的主要营养成分有：蛋白质、糖类、脂肪、水分、维生素及矿物质等。

(1) 蛋白质　蛋白质是动植物生命活动不能缺少的物质。“生命是蛋白质的存在形式……” 蛋白质是动植物细胞原生质的主要成分。所以恩格斯指出：“没有蛋白质，就谈不上生命。” 蛋白质是面粉的重要成分，其含量约占7.2% ~12.2% 。主要分布在麦粒的糊粉层和胚乳外层。蛋白质的含量受小麦的品种、产地、加工程度和出粉率的高低等因素的影响。硬小麦的蛋白质含量高于软小麦，春小麦的蛋白质含量高于冬小麦。小麦出粉率高，蛋白质含量就高。

面粉中的蛋白质主要含于面筋中，可分为麦胶蛋白、麦谷蛋白、麦清蛋白和麦球蛋白等。其中最主要的是麦胶蛋白和麦谷蛋白，它们的含量占面粉蛋白质含量的80% 以上，统称为面筋蛋白质。麦胶蛋白质和麦谷蛋白质均不溶于水和其他中性溶液。

面筋含有麦胶蛋白质 43.02% ，麦谷蛋白质 39.01% ，其他蛋白质 4.41% ，脂肪 2.8% ，糖 2.13% ，淀粉 6.45% 。

各种不同的面粉，具有不同的性质，调制时可因温度、水分、酸度、揉捻程度、放置时间等条件表现不同。面粉的弹性和延伸性是由于面粉中的面筋蛋白质，吸收水分后变成黏稠状的物质而表现出来。面筋蛋白质受热而发生变化，随着温度逐渐提高，而面筋特性增强，达到40℃~50℃时，面筋力较强也比较均匀；当温度升至70℃以上，随着蛋白质的变性，使面筋筋力逐渐降低，甚至完全消失。根据《北京糕点》记载，我国面粉的等级规格标准，特制粉湿面筋含量不低于26%，标准粉湿面筋含量不低于24%，普通粉湿面筋含量不低于22%，全麦粉湿面筋含量不低于20%。

（2）糖类　在面粉中，糖类的含量最高，占70%~80%。包括淀粉、纤维素、半纤维素和低分子糖。

淀粉属于糖类，是由许多的葡萄糖分子构成的。由于葡萄糖分子有两种不同的连接方式，因而分别形成直链淀粉和支链淀粉。其中直链淀粉占24%，支链淀粉占76%。淀粉遇碘显蓝色，易溶于热水中，生成胶体溶液，黏性不大，不易凝固；支链淀粉遇碘显红紫色，在加热、加压的条件下才溶于水中，其水溶液黏性强。

低分子糖，即葡萄糖、果糖、麦芽糖、蔗糖等，常温下溶于水。在面粉中，葡萄糖、果糖和麦芽糖等还原糖的含量为0.1%~0.5%，蔗糖含量为1.67%~3.67%。

纤维素和半纤维素是构成麸皮的成分，是确定面粉等级的指标之一。制作面点时，采用含麸皮过多的面粉，会影响成品外观和风味特色，所以应采用特制粉或标准粉。淀粉对制作面点有着直接的关系，而淀粉和蛋白质同是构成面团的基本物质。淀粉还能稀释面筋和调节面筋的胀润度，能增加面团的可塑性，使其达到制成品酥松的质量要求。面点在制作过程中，淀粉的分解物也直接影响着面点的品质，特别是在烤制时，逐步形成的糊精等，会使成品表层光洁、色泽鲜艳。值得注意的是，面粉中淀粉含量过多，会使面团过于松软，不利于某些制成品在质量上的要求。因此淀粉与蛋白质含量比例，应根据不同品种，按加工要求确定。

（3）脂肪　面粉中脂肪主要分布在麦胚中，脂肪含量占1.3%～1.5%，标准粉中的脂肪含量高于特制粉。

（4）矿物质　面粉中的矿物质主要有钙、铁和其他无机盐。

（5）维生素　面粉中，维生素的含量较为丰富。它含有脂溶性的维生素A、E以及水溶性的B族维生素。小麦胚中含脂溶性的各种维生素，以维生素E的含量较多。各种维生素分布于麦胚和糊粉层中，所以出品率较高的标准粉中的维生素含量，要高于出品率低的特制面粉。

4. 面粉保管的方法

（1）面粉要存放在凉爽透风的仓库。

（2）在仓库中堆放时，地面上要垫木板，面粉堆在上面。

（3）加强面粉仓库的检查，防止贮存中变质。贮存面粉的仓库，必须清洁卫生和干燥，不能与带有刺激性异味物品堆在一起。堆码面粉时，分大小垛，便于通风。

（4）面粉在贮存过程中，应注意面粉中水分的变化。面粉的粉粒与空气接触，易吸收水分和释放水分，就容易发生霉变、发热、结块等。面粉储存，其含水量应保持在12%～13.2%之间，仓库的温度在10℃左右，相对湿度在60%～70%的条件下比较适宜。

二、米粉

1. 稻谷

稻谷是我国的主要粮食作物，种植历史最长。我国人民特别是南方各省人民，除以大米作为主食外，也常以米面制作点心。目前我国水稻的总产量占世界总产量的1/3。稻谷的主要产区集中在长江流域和珠江流域，以四川、湖南、广东、江苏、湖北、江西等省出产的为最多。

（1）稻米的构成和营养成分　稻谷包括稻谷壳和米粒两部分。稻壳分为内稃、外稃和护颖，主要由纤维素构成，含矿物质较多，因不能被人体消化，加工时必须去掉稻壳。稻谷去壳就成糙米，糙米由皮层、糊粉层、胚乳和胚组成。

皮层　是糙米的最外一层，主要由纤维素、半纤维素、果胶等物质组成，也含有较多的维生素和矿物质。糙米不易消化，影响食欲，要经过碾米除去皮层，提高人体的吸收，但又必须保留一些皮层，提高大米的维生素含量，以增进人体健康，所以米不能加工得太精。

糊粉层　位于皮层内壁，也是胚乳的外层组织。糊粉层富含蛋白质、脂肪、维生素 B 和矿物质等。在加工过程中，加工精度提高，糊粉层大部分被碾去，蛋白质、维生素等营养成分损失大，降低了大米的营养价值。

胚乳和胚　糙米除去皮层、糊粉层，其余部分属于胚乳和胚，胚乳占大米的大部分，含有大量的淀粉，和少量的蛋白质，是米的主要食用部位；胚中则富含蛋白质，维生素 E、脂肪、可溶性糖和多量的酶。上等大米除淀粉外，其他营养成分的损失都较大。

(2) 米的种类、特性及营养成分　一般可将米分为籼米、粳米和糯米三种。

籼米，粒形细长，颜色灰白或蜡白，胀性比粳米大，黏性比粳米差。籼米又分为早籼米和晚籼米两种：晚籼米质比早籼米为佳。粳米，粒形短圆，米色蜡白，多为透明和半透明，胀性中等，略有黏性。糯米，可分粳糯和籼糯两种，粳糯粒形同粳米，籼糯粒形同籼米，色泽蜡白或乳白，多数为不透明，胀性小，黏性大。

在制作糕点之前，将大米加工成粉，一般有两种方法：一种是直接磨粉；另一种将米炒熟后再磨成粉。直接磨粉的方法，是将米筛选后，拣去杂质，倒入缸里用冷水浸泡，夏季泡一两天，冬季两三天，中途换几次清水，泡至米透心后捞出，磨粉，米粉粒越细越好。炒米粉的加工方法，将米筛选，除净杂质、灰尘后，用冷水或温水淘洗一次，捞出滤干水分，倒入容器捂几小时，取出晾干，即可炒制，炒至米粒发胀呈圆形，冷后磨成粉，粉粒越细越好。

在大米粉中主要含有淀粉。淀粉结构不同，其黏性亦不同。如糯米中100%都是支链淀粉，黏性特强，粳米黏性次之，籼米最差。

糯米适宜制作粘韧柔软的糕点、粑、汤圆；粳米、籼米用于制作糕点、米发糕等。

表 1　米粉的营养成分及其含量（单位:%）

品名	水分	糖	蛋白质	脂肪	粗纤维	矿物质
粳米	14.0	77.6	6.4	1.0	0.25	0.64
籼米	13.2	77.5	6.5	1.7	0.24	0.86
糯米	14.6	76.2	6.7	1.4	0.21	0.79

2. 大米的质量鉴定

（1）新鲜度　新鲜米有光泽，米糠和杂质少，滋味适口；陈米颜色暗，碎米较多，米糠也多，或有虫害和杂质，滋味差。

（2）米粒完整

（3）腹白的多少　米粒内乳白色不透明部分称为腹白。这一部分硬度低，易出碎米，品质差，含蛋白质少，故以腹白少的米为佳。

（4）米粒硬度　硬度大的米粒，组织结构紧密，品质好；硬度小的米粒，组织结构松软，品质差。

3. 大米的保管

保管大米时需先装入麻布袋，用木仓堆放，一定要堆放在隔墙较远和离地面较高处，防潮湿，防虫鼠。不要存放过久，否则米味易变酸。

三、食糖

1. 食糖的种类

食糖是面点的主要原料之一，可分为蔗糖和淀粉糖浆。

（1）蔗糖　蔗糖是食糖中的主要的品种，是从甘蔗茎体或甜菜块根中制取成糖的。其中又分为：

白砂糖。品质纯洁，色白明亮，晶粒如砂，分为粗砂、中砂、细砂三种。按精制程度分为优级白糖、一级白糖、二级白糖。感官鉴定，优级和一级白砂糖的晶粒均匀，松散干燥，不带杂色及糖块。其晶粒及溶液味甜，溶解后成为清晰的溶液。二级白砂糖的晶粒均匀、松散，晶粒或溶液味甜，不带杂味。白糖用来制作高档糕点及装饰糕点表面等。

赤砂糖。又称原糖。它是由蔗糖结晶而成。颜色黄褐或棕红，纯度低，甜而略带糖蜜味。面点生产中多用于制作馅料。

绵白糖。由白砂糖加一部分转化糖浆加工制成的，味甜，无其他的异味，晶粒细小洁白绵软，不含杂质，溶解于水，溶液清澈。它分为精制、优级和一级绵白糖，是面点的最好原料之一。

蔗糖的主要特性——熔点，一般为185℃～186℃，若继续加热至200℃时，生成一种棕黑色的混合物，即焦糖，甜味消失。溶解度：蔗糖溶解于水中，其溶解随温度的升高而增加，在不同的温度下蔗糖的溶解度是不同的。蔗糖的溶解度受盐类存在的影响很大，与氯化钾、氯化钠同时存在时则增加；但与氯化钙同时存在时，溶解度反而减小。

（2）淀粉糖浆　是经淀粉水解而得的浓稠糖品，其色淡黄而透明，主要成分是麦芽糖、葡萄糖、果糖及少量糊精。由于淀粉糖浆有良好的持水性和不易结晶的特点，因而在糕点制作中，被广泛应用，能使制品质地细腻、柔软，克服了蔗糖的缺点。

淀粉糖浆品种很多，按其淀粉转化程度可分为高转化糖浆、中转化糖浆、低转化糖浆（俗称饴糖），其转化程度越高，糖的分子量越小，葡萄糖、麦芽糖的含量也越高。

现在广泛运用的是果葡糖浆，它是将转化糖经葡萄糖异构酶作用而得，其中含有多量的果糖，具有甜度高、色泽浅、易吸收等特点，特别是由于果糖的代谢不需要胰岛素控制。因此极适合糖尿病及老年人使用。

2. 糖在面点中的作用

（1）调节口味　在面点中若单纯使用食盐，其滋味显得单调，加入适量的糖后，则咸甜适中，味道鲜美。

（2）增加甜味，提高营养价值　糖的品种不同，甜度也不同，如以蔗糖的甜度为100%，麦芽糖为32%，果糖为173%，转化糖为130%，葡萄糖为74%，半乳糖为32%，乳糖为16%。食糖发热量高，1克糖可产生热量约4千卡。糖的营养价值在于它的发热量高，能供给人体能量，能消除人体的疲劳，补充人体新陈代谢的需要。

（3）增添色泽和香味　面点在烤制的过程中，糖具有焦化的作用，使表面呈现金黄色或棕黄色，在装饰表面花色时，糖能调色增香，定型美观。

（4）糖能改善面点的组织状态　面点含糖适量，可在制品内起骨架作用，使外形挺拔美观。若含糖量过多，则面点内部组织硬脆，表面又易焦煳。

（5）调节面团中面筋的胀润度　面粉和糖均有吸水的作用，调制甜酥面团时，加糖量稍高，使面团中面筋胀润到适当程度，使其制成半成品，可防止制品收缩变形，增加可塑性，使其形美而花纹清晰。

3. 糖的保管方法

（1）食糖库房内外要保持一定的温、湿度　在库房内应设置温度计、湿度计，以检查库内的温度和湿度。贮存库内的相对湿度应保持在60%～65%，冬季库温保持在5℃左右，其他季节应保持在20℃～25℃，若库内湿度太大，可放生石灰、氯化钙、木炭吸潮，雨季要关闭窗户，不宜通风，防止湿气侵入库房，因食糖吸湿性强，又容易返潮，以致出现流浆现象。

（2）食糖容易吸收异味　应以专用容器盛装，单独保管，更不能和有异味的货物混杂存放在一起。

（3）食糖码垛的保管　码垛时，地面上垫木板，通空气，减少地面潮气侵入。白糖垛，一般4米高，红糖垛3米高，垛要码实心，减少空气接触。

四、油脂（指食用油脂）

油脂是面点的四大主要原料之一，使用量比较大，最高达到50%以上。油脂在面点生产中起着重要的作用。

1. 油脂的种类

油脂分为植物油、动物油和人造奶油三大类。油脂是油和脂的总称。在常温下呈液体状态的称为油，呈固体状态的称为脂。植物油一般呈液体状态，动物油和人造奶油多呈固体状态，都有较高的营养价值。

（1）植物油　除菜油、花生油、大豆油、棉籽油、茶油、玉米油（见《川菜烹调技术》上册第二章第六节）

外，制作面点需要的植物油还有以下几种：一是芝麻油，又称麻油（香油），是芝麻籽经加热后压榨提取的。因加工方法不同，又分小磨麻油和机制麻油两种。小磨麻油呈红褐色，香味浓，机制麻油呈黄色，香味淡。麻油凝固点为 -3℃ ~ 7℃，用于和面团、制素月饼，以及拌各种馅料。二是椰子油，是椰子仁经加热压榨提取的，常温下为乳白色固体，熔点21℃，广西、广东地区使用较多，常用于松酥类的面点。三是棕榈仁油，是棕榈仁经加热压榨提取的，为乳白色的固体，熔点 21℃，性质、作用同椰子油。

（2）*动物油*　除猪油、牛油、羊油（见《川菜烹调技术》上册第二章第六节）外，制作面点需要的动物油脂还有两种：一是奶油，又名黄油、白脱油，是从牛奶中加热分离提取的，淡黄色，表面紧密，无水珠和杂质，有奶油香味，略带咸味，熔点为37℃，乳化性强，可制作奶油膏和起酥面点。二是人造奶油，又名麦淇淋或乳化油，是用动、植物油和水加适量氢化油、食盐混合制成。人造奶油乳化性能好，制作起酥面点及水果蛋糕等。

2．*油脂成分*

油脂是高级脂肪酸的甘油酯。油脂中的脂肪酸分为两类，即饱和脂肪酸与不饱和脂肪酸。

（1）*饱和脂肪酸*　动物油脂中的饱和脂肪酸，主要有硬脂酸，其分子式 $CH_3(CH_2)_{16}COOH$；软脂酸，其分子式 $CH_3(CH_2)_{14}COOH$；花生酸，其分子式 $CH_3(CH_2)_{18}COOH$；月桂酸，其分子式 $CH_3(CH_2)_{10}COOH$ 等。一般在动、植物油脂肪中均含有硬脂酸，而牛脂中的含量为最多，为 25%

~30%。软脂酸与硬脂酸共同含在油脂中。在动物脂中多数含有软脂酸，牛羊脂中含量为20%～25%，植物油中棉籽油含软脂酸较多。花生油中含大量的花生酸，椰子油中含月桂酸较多。

饱和脂肪酸的物理性状随着分子量的不同而不同：分子量小的低级酸在室温下呈液体，分子量大的高级酸在室温下呈固体态，如羊牛油脂。而饱和脂肪酸的熔点和凝固点随着分子量的增加而增高。低级脂肪酸的沸点较低，易挥发，其沸点随着其分子量的不断增加而升高。

（2）不饱和脂肪酸　不饱和脂肪酸主要有油酸 $C_{17}H_{33}COOH$ 和亚油酸 $C_{17}H_{31}COOH$。

油酸存在于动植物油脂中，如芝麻油，花生油，牛羊脂和乳脂中。油酸在室温下呈液体状态，无臭、无味，容易与空气中的氧作用，产生酸败现象。

亚油酸多存在于植物油中，如豆油、亚麻油和向日葵油中含量较多，猪油中也含有亚油酸。亚油酸是带有两个双键的酸，比油酸易氧化，受空气中氧的作用，形成不溶性的树脂状物质。

油脂酸败的过程是非常复杂的，在潮湿空气中易酸败，遇微生物存在时更易酸败，而微量金属对酸败有催化作用。酸败有三种原因：第一，不饱和脂肪酸氧化分裂成短链，具有挥发性及特臭的醛、酮、酸等；第二，脂肪在微生物作用下生成苦味及臭味的低级酮类；第三，甘油氧化产生具有特臭的醚、醛等。产生酸败的油脂不能食用。

3. 油脂在面点制作中的作用

面点在制作过程中常用猪油、奶油、芝麻油、花生油、大豆油、菜油等。油脂营养价值高，1 克脂肪能产生 37.66 千焦以上的热量，补充人体生理代谢的需要，能使制品有较好的色泽和风味。在生产工艺上油脂的重要作用有：

（1）增强面团的可塑性和面团酥性　在调制酥类面点时，加入油脂后，使面粉的吸水性降低，油脂添加越多，吸水性越降低，形成的面筋量越少。由于油膜的相互隔离，可使面筋微粒不易相互黏合，阻止面筋的胀润，增强了面团的可塑性。同时由于分散后的油脂微粒具有持气性，并结合大量空气，当成型的面团被烘烤时，这些气体就和焙粉分解的二氧化碳一起膨胀，便使制品形成很多空隙，使食品变得酥松。

（2）制作油炸面点食品　油脂作为传热的介质，使制品容易炸熟，同时使制成品的色泽美观。

（3）帮助面包发酵　在面点发酵的最后阶段，要加入面粉用量1% ~6% 的油脂，以利用其持气性，使面团内含有更多气体，则面点组织更柔软、松泡。但也要注意用量，否则影响色泽和口感，同时也抑制了酵母的继续生长繁殖。

4．油脂的保管方法

食用油脂中不饱和脂肪酸在氧的作用下会产生过氧化物和氧化物，最后生成低分子量的醛和酮类化合物，能产生哈喇味。另外受阳光、水分、金属和油脂中的夹杂物的作用，均能使油脂酸败变质。保管时注意以下几点：

（1）置放通风凉爽场所，室内温度 4℃ ~10℃，相对湿度 80% ~85% 为宜，防止高温、日晒，或过于潮湿，保持库房清洁。奶油宜冷冻贮藏。

(2)常检查油脂的包装，要防止水分浸入，发生变质。

(3)用没食子酸丙酯或维生素 E 等抗氧化剂处理，可以延长保管时间，同时要按先进先出的原则出库。

复习题

一、问答题

1. 面点的主要原料有哪些？

2. 面粉分几等，其质量标准如何划分？

3. 如何保管面粉？要做到面粉不变质，应采取什么措施？

4. 试述稻米的构成和营养成分。

5. 说说糖在面点中的作用。

6. 面粉为什么会发霉结块？

7. 油脂在面点中有什么作用？

8. 油脂为什么会酸败？

二、判断题

判断下列句子，对的画“✓”，错的画“×”。

1. 标准粉纯度高，基本上没有麸皮，粉色洁白。（　）

2. 面粉的主要营养成分是蛋白质、碳水化合物、脂肪、水分、维生素、矿物质等。（　）

3. 糖能改善面点的组织状态，所以用糖量越多越好。（　）

三、填空题

1. 蔗糖的熔点是（　　），若加热到（　　）时，生成焦糖。

2. 淀粉糖浆有良好的（　　　　）的特点，因而在糕点制作中被（　　　），能使制成品质地（　　　）。

3. 油脂在潮湿空气中易（　　），遇微生物存在时更（　　）。

4. 酸败的油脂（　　）食用。

第二节　面点的辅助原料

一、水

水是面点中重要的辅助原料之一。清水或水加温后，可以调节面团的温度，利于酵母迅速生长和繁殖。水能够渗入面团中，可使面筋生成并使淀粉起糊化作用。其用水量大约为面粉用量的30%～50%。

水有软水与硬水两种。水中含有较多的Ca^{2+}或Mg^{2+}的叫硬水；反之叫软水。水的硬度是指水中含不溶性盐类的多少而定的。生活饮水卫生总硬度不应超过25度。城市饮水一般都是自来水，其硬度由水厂控制，不会超过这个规定。

水的性质对于发酵作用与制品质量都有关系。水的硬度不大，用于生产面点是适用的。对于加果料的面点，水中含有矿物质，能增强面筋的筋力，微量的无机盐类是酵母发育的营养物质。如果水的硬度过大，会影响面团韧化和发酵作用，应控制发酵温度，增加酵母用量。对水的硬度必须采取措施，对极软的水可添加微量的磷酸钙或硫酸钙（石膏）；硬度大的水，可加入石灰，经过沉淀、过滤，降低硬度，以适合面团的需要。

二、酵母

酵母是面团发酵不可缺少的原料之一，在制作馒头、包子、面包、饼干等工艺流程中，面团经过酵母的生化作用（即面团发酵）而变得膨松，富有弹性和特殊香味。

酵母繁殖的温度，以25℃～28℃为最适宜，60℃时酵母死亡，最适宜的pH值为5.0～5.8。温度越高，其世代周期则越短。如温度为4℃时，酵母世代周期为20小时，温度为23℃时，酵母世代周期为6小时。酵母在繁殖过程中需要一定的营养才能正常发育。

酵母的营养物质有三类：碳素，主要来自糖类，如葡萄糖、果糖等；氮素，来自蛋白质；矿物质，包括磷、钾、镁、硫、铁等。

酵母本身含营养价值高，它含有蛋白质约64%。面团在各种酶和酵母的作用下，除产生大量碳酸气体外，并能产生醇、醛、酮及酸等物质，这些物质具有人们最喜好的特殊香味。

三、蛋品

蛋品在面点中使用较多，某些品种甚至可以作为主料。蛋品不仅营养价值很高，而且可以提高面点的色、香、味。有些产品的扫蛋浆这一工序，可以使成品的烘焙后易于上色，表面呈乳黄色或呈光亮的金黄色。蛋浆经过搅打后，能充满空气，起泡性能好，使蛋制品形成多孔疏松结构，增加松软和香味。常用的有鲜蛋、冰冻蛋、干蛋白、全蛋粉和蛋黄粉，以鲜蛋的起泡性最好，成品质地松软，滋味鲜美。

1. 鲜蛋

鲜蛋以气室小的、不散黄的为好。鸡蛋在使用时蛋壳要消毒，清除蛋壳所污染的粪便，逐个检查，逐个打开，然后合在一起。如果要充分利用蛋白的起泡性，应将蛋白与蛋黄分离，先将蛋白充分搅打到起泡后，再与蛋黄混合使用。

2. 冰冻蛋

冰冻蛋使用方便，质量与鲜蛋相似，使用方法与鲜蛋相同（冰冻蛋分为三级：一级冰冻蛋质量最好，二级、三级因质量不稳定，应先抽样加热鉴定，凡有异味的不能使用）。

3. 蛋粉

蛋粉质量同冰冻蛋。使用时，先溶化为蛋液，检查其溶解度，凡是溶解度低的蛋粉，虽然营养价值差异不大，但起泡性与乳化能力较差。

四、乳品

乳品是指鲜牛奶、奶粉、炼乳等，用以增加面点制品的营养价值和风味。每 100 克鲜牛奶含水分 87.2%，蛋白质 3.4%，脂肪 3.9%，糖类 4.7%，矿物质 0.7%。牛奶是一种乳化剂，加入面团中能改进面团的胶体性能，促使面团中油与水乳化，调节面筋的胀润度，使面团不容易收缩，如制作面包。牛乳加入面团，帮助面团的油脂分散均匀，淀粉粒膨润延缓，并与水作用下的直链淀粉结合，妨碍可溶性淀粉的溶出，减少淀粉粒之间的黏着，使成品保持柔软。

五、果料

果料是制作面点的重要辅助原料。面点品种的丰富多彩，各具风味，是和广泛运用各种果料分不开的。常用的果料有核桃仁、花生仁、芝麻、杏仁、枣子仁、松子仁等等。它们都属于植物的种仁，含有蛋白质，脂肪，其营养价值详见表2。

果料要求质量好，以增加面点的营养成分、香味和色泽，并能起到装饰美化的作用。

1. 核桃仁　核桃仁一般按质量分为上、中、下三品。上品：颜色浅白，肉质肥厚身干，味香松脆，无杂物；中品：颜色浅黄或发暗，身干，肉尚饱满，有碎片；下品：仁衣黄褐色，身软仁碎。

2. 花生仁　花生仁颗粒饱满、干燥、大小均匀，无虫蛀、无霉斑。有霉斑的，不能食用。

3. 芝麻　芝麻颗粒饱满、干燥、无杂质。芝麻分为黑白两种，可增加香味和点缀色泽。

4. 松子仁　松子仁颗粒饱满、大小均匀，色泽洁白不带黄色，入口脆嫩，不粘牙，无霉斑、无哈喇味。

5. 杏仁　杏仁分甜、苦两种，应选用甜杏仁。颗粒饱满、干燥、无杂质，无霉斑、无哈喇味，大小均匀一致。

表2　　常用果料的营养成分　　单位：每100克含量

品名	水分（克）	蛋白质（克）	脂肪（克）	碳水化合物（克）	粗纤维（克）	灰分（克）	钙（毫克）	磷（毫克）	铁（毫克）	胡萝卜素（毫克）	硫胺素（毫克）	核黄素（毫克）	尼克酸（毫克）	抗坏血酸（毫克）
核桃仁	4.0	16.0	63.9	8.1	6.6	1.4	93	386	2.9	0.36	0.67	0.14	1.5	
花生仁	12.0	26.0	30.5	25.0	4.0	2.5	32	340	2.5			0.12		
芝麻仁	2.5	21.9	61.7	4.3	6.2	3.4	56.4	368	50					
松子仁	2.7	16.7	63.5	9.8	4.6	2.7	78	236	6.7					
杏　仁	5.8	24.9	49.5	8.5	8.8	2.4	140	352	5.10	0.10				10
瓜子仁	2.5	27.7	53.4	11.2	6.7	3.5	69	810	11.9					

6. 枣子仁　枣子仁大小均匀，色泽洁白无黄斑，入口香脆微甘。

果料含油脂较多，要做好保管储存工作。选用干燥的仓库，避免高温、潮湿，否则易走油、霉变和有哈喇味。夏季更要妥善保管。

六、蜜饯

蜜饯，是以新鲜水果为原料，加工后，经糖渍制成的。它含有果胶质、维生素、糖分等，并有自然香味，能提高面点的营养价值，带有水果风味，兼有装饰、美化的作用。

一般常用的蜜饯有蜜橘红、蜜樱桃、蜜柚砖、蜜枣、蜜橘脯、蜜桃脯、糖桂花、葡萄干、甜玫瑰、蜜青梅等。以上这些蜜饯品种，在需要时，可采购质量好、色泽好的再行加工使用。

七、食盐

食盐，学名氯化钠（NaCl），是主要的调味品。食盐在面点制作中有以下作用：

1. 食盐能增加制成品的风味

食盐能调味，有刺激味觉神经的功能。加适量食盐于糖溶液内，以使面点制品更为可口。

2. 增加面团的弹性

食盐可改变面团中的面筋的物理性质，加入1%～3%的食盐，可增加面筋的吸水性能和面筋强度，质地紧密，提高面团内部保持气体的能力，促使面团组织细密，颜色发白并有光泽。但加入过多的盐，也会影响面筋的形成，这是由于 Na^+，Cl^- 强烈的水化作用所致，故应注意用量。

3．调节面团的发酵速度

用适量的盐，对酵母的生长与繁殖有促进作用，并能抑制杂菌的增加，特别是对乳酸菌的抑制更为突出。对面团的用盐量不得超过3%，用量过多，对酵母有抑制作用。

八、冻粉

冻粉又名洋粉、琼脂，是从石花菜中提取的一种多糖类物质，有粉状、片状、条状。条状为白色或淡黄色，表面略有光泽，质轻，有韧性，不易折断，干燥时脆而易碎，味淡，无臭气。琼脂在开水中易溶解成液体。在0.5%的低浓度就能形成坚实的凝胶。1%的冻粉溶液在42℃固化，其凝胶即使在94℃也不溶化，有很强的弹性。冻粉吸水性很强，不溶于冷水中，但能吸水膨胀成块，能吸收20多倍的水。琼脂不能与酸一齐加热，否则会失去凝胶力。在面点制作中，如在蛋白浆中加适量冻粉，能增加其黏度，使蛋白浆不易下沉，制品形体美观。制作面点时，还可作为胶冻剂，使制品表面呈现胶体状。

九、香料

香料是具有挥发性的有机物质。按其来源分为天然香料和人造香料。天然香料又分动物性香料和植物性香料，在面点制作中常用植物性香料。

人造香料是从天然植物（如桂花、玫瑰花、茴香）中经过加工分离出来的香料，可作天然香料的代用品。使用天然植物香料，是面点制作的传统特色。常用桂花、玫瑰花、茴香粉等，给面点增加香味，芳香适口，有促进食欲的作用。目前常用的各种水果香味的化学合成香精，如香蕉、橘子、菠萝、柠檬等香精，使用时要严格按照食品卫生的要求，最大用量不得超过0.15%～0.2%。常用的香兰素，俗称香草粉，为白色或微黄色的结晶，熔点为81℃～83℃，具有香荚兰豆特有的香气，可用于糕点、饼干、糖果等，直接用量为0.01%～0.04%。在调制面团时，先用温水溶解后再加入面团中。但不得和碱性疏松剂混合使用，防止发生变色。

十、肉类、菜类和豆类

面点制品中的馅料，常用肉类、鲜蔬菜和豆类的粉末等。应根据面点品种的不同，选择适当的辅料作馅，分别按照不同的品种与质量上的要求来配料。

十一、调味品

用于面点中的调味品除食盐外，还有五香粉、味精、酱油、醋、糖精等。现着重介绍味精和糖精。

味精是一种发酵制品，化学名称为谷氨酸钠，白色而有光泽的柱状晶体粉末，有吸湿性，易溶于水，有鲜味。在酸性溶液中几乎全部解离出来，有强烈的肉鲜味。但在碱性溶液中，谷氨酸一钠能生成谷氨酸二钠，有不良气味，失去调味价值。所以在有小苏打和发酵粉等碱性制品中，不宜使用味精。

糖精又称假糖。它的甜度为蔗糖的450倍～500倍。

在酸性下加热很容易分解，或由可溶性糖精变为难溶性糖精，甜味大大降低。只能使用于酸性低、含水分高的蒸制品（不能用于烤制品，油炸糕点），用量不得超过万分之一点五。

复习题

一、问答题

1. 试述在面点制作中水的性质和作用。

2. 乳品和蛋品在面点中有什么作用？

3. 果料在面点制作中有什么作用？

4. 蜜饯在面点中的作用有哪些？

5. 试述食盐加在面点中的好处。

6. 冻粉在面点制品中有什么作用？

7. 试述在面点制作过程中如何使用香料。

二、填空题

1. 最适宜酵母繁殖的温度是__________，温度达__________时酵母即死亡。

2. 酵母的营养物质有三类：一是__________；二是__________；三是__________。

3. 酵母本身含营养价值高，它含有__________约 64%，__________约 26%，__________约 10% 等。

4. 食盐能增加面团的弹性和调节面团的发酵速度，但用盐量不得超过______%；用盐量过多，会影响__________的形成，对酵母有__________作用。

第三节　食品添加剂

一、膨松剂

膨松剂是面点生产中的主要添加剂，又称为疏松剂。在调粉过程中加入，在焙烤过程中受热产生气体，从而促使面点制品内部组织形成均匀多孔组织，具有疏松酥脆的特点。

膨松剂分为化学膨松剂和生物膨松剂。化学膨松剂又分为单一膨松剂与复合膨松剂。

1. 化学膨松剂

化学膨松剂价格便宜，使用方便，见效快。属于碱性膨松剂的有碳酸氢钠、碳酸氢铵等。它们受热后，能使面点内部产生气体使糕点膨松。但碳酸氢铵在烘烤过程中产生大量有刺激性的氨气，要严格掌握使用数量。

(1) 小苏打　学名碳酸氢钠（$NaHCO_3$），又叫面碱。它是白色结晶状粉末，味咸，无臭，在潮湿空气或热空气中即缓缓分解，产生二氧化碳（CO_2），加热至270℃分解成水蒸气和二氧化碳。小苏打的水溶液呈弱碱性，pH 值为8.3（10.8% 水溶液，25℃），遇酸即强烈分解产生二氧化碳。加热时反应如下：

$$2NaHCO_3 \xrightarrow{\triangle} Na_2CO_3 + H_2O + CO_2\uparrow$$

小苏打　　　碳酸钠　　水　二氧化碳

从这个反应式中说明，小苏打分解后产生碳酸钠使制品呈碱性，如果用量较多时，会使面点带黄色，影响口味，破坏食品中的某些维生素。

（2）臭粉　学名碳酸氢铵（NH_4HCO_3），又称酸式碳酸铵或重碳酸铵。俗称臭粉、臭碱。为白色粉状结晶，有氨臭。对热不稳定，固体在58℃，水溶液在70℃分解出氨和二氧化碳，水溶液呈碱性。遇热分解反应如下：

$$NH_4HCO_3 \xrightarrow{\triangle} NH_3\uparrow + CO_2\uparrow + H_2O$$

碳酸氢铵　　　氨　二氧化碳　水

从上式可见碳酸氢铵分解后产生的气体比苏打多，起发力大，容易使制品形成蜂窝眼。用量过多，烘烤时产生的氨气会残留一些在面点里，吃时有刺鼻的氨臭味。所以使用时不宜过量。

（3）白碱　学名碳酸钠（Na_2CO_3）为白色粉末，比重2.53，易溶于水，水溶液呈碱性。制各种饼加适量饱和碱液，能使饼皮松软，使用量不宜过大，否则饼色变深。用老面发酵时，产生酸味，如加适量碱粉，可中和其酸性。

2. 复合膨松剂

复合膨松剂是由碱剂、酸剂与填充剂配合组成的。为了消除碱性膨松剂的影响，采用碱性、酸性的特性组成复合膨松剂。碱剂常用小苏打；酸剂常用的有酒石酸氢钾、酸性磷酸钙、钾明矾等；填充剂常用淀粉等，其作用是使气泡发生均匀，并防止贮存时吸潮。在烘烤过程中，碱剂与酸剂发生中和反映，放出二氧化碳气体，制成品中不致残存碱性物质，可提高成品质量。现举两种复合膨松剂如下：

（1）小苏打与酒石酸复合发粉加热时产生气体的反应式：

$$\begin{array}{l} COOH \\ | \\ CHOH \\ | \\ CHOH \\ | \\ COOH \end{array} + 2NaHCO_3 \xrightarrow{\triangle} \begin{array}{l} COONa \\ | \\ CHOH \\ | \\ CHOH \\ | \\ COONa \end{array} + 2CO_2 \uparrow + 2H_2O$$

酒石酸　　小苏打　　　酒石酸钠

由此可见，这个配方克服了单一膨松剂的缺点，没有碱性物质残存，提高了成品质量。但不足的是酒石酸和小苏打在成坯后即开始反应，产生的气体不能被充分利用，属于反应较快的复合膨松剂。

（2）小苏打与酸性磷酸钙发粉　加热时产生气体的反应式：

$$Ca(H_2PO_4)_2 + 2NaHCO_3$$

磷酸二氢钙　　小苏打

$$\longrightarrow Na_2HPO_4 + CaHPO_4 + 2CO_2 \uparrow + 2H_2O$$

磷酸氢钠　　磷酸氢钙

小苏打与酸性磷酸钙，又称营养发酵粉，干燥后磨成细粉使用，这种膨松剂发酵粉属反应较慢的膨松剂。

3. 生物膨松剂

生物膨松剂即酵母（包括发酵面），属单细胞真菌，种类较多，用于面点的多为球状酵母菌。酵母繁殖需要一定的温度、水分和养料，一般酵母繁殖的温度约28℃左右。面粉中和酵母体分泌出的各种酶，将淀粉分解成糊精，再分解为麦芽糖、葡萄糖，最后生成酒精和二氧化碳。二氧化碳分布在面团的面筋网里，面筋逐渐变成如海绵状多孔的疏松体，再经过揉面和加热后，二氧化碳受热膨胀，成品就获得疏松的状态。同时部分酒精受热变成气体，一部分酒精与面团中的有机酸结合形成酯类，有酯香，增加了制成品的风味。

在面团里，引起酵母菌发酵的变化，主要分为三个步骤：

第一步骤，淀粉分解作用。在面粉中含有淀粉酶，即有α-淀粉酶和β-淀粉酶。α-淀粉酶能够使淀粉分解成糊精，β-淀粉酶能够直接使淀粉分解生成麦芽糖。在适宜的温度下，酶的活性显著增加，先由淀粉酶将部分淀粉水解为麦芽糖，再由麦芽糖酶水解为葡萄糖（单糖）。葡萄糖是酵母菌繁殖和发展所需要的主要养分，这就是面粉加水后揉制面团的过程，其方程式的变化如下：

$$\underset{\text{淀粉}}{2(C_6H_{10}O_5)_n} + \underset{\text{水}}{nH_2O} \xrightarrow{\text{淀粉酶}} \underset{\text{麦芽糖}}{nC_{12}H_{22}O_{11}}$$

$$\underset{\text{麦芽糖}}{C_{12}H_{22}O_{11}} + \underset{\text{水}}{H_2O} \xrightarrow{\text{麦芽糖酶}} \underset{\text{葡萄糖}}{2(C_6H_{12}O_6)}$$

第二步骤，加老面（面肥）引进酵母菌种。面团中酵母利用葡萄糖和在氧气的协助下进行繁殖和分泌酵素，把葡萄糖迅速分解为二氧化碳，水和热量，大都积存于面团内部，随着发酵作用的继续进行，二氧化碳不断增加，面团膨胀体越来越大越疏松，其方程变化如下：

$$\underset{\text{单糖}}{C_6H_{12}O_6} \xrightarrow[28℃\sim30℃]{\text{酒精酶}} \underset{\text{酒精}}{2C_2H_5OH} + \underset{\text{二氧化碳}}{2CO_2\uparrow} + 26\text{卡热能}$$

酵母菌在面团内繁殖时，需要吸收氧气，因发酵过程中产生酒精，所以发酵后期的面团有酒味并发热。

第三步骤，在使用老面（面肥）发酵时，会引入杂菌（如醋酸菌等），在适当温度条件下（33℃左右），杂菌也大量繁殖和分解一种氧化酶，把酵母菌发酵生成的酒精，分解为醋酸和水，使面团产生了酸味并变软，酒精被分解得愈多，酸味也愈强烈，面也越稀，其方程式变化如下：

$$\underset{\text{酒精}}{C_2H_5OH} + O_2 \xrightarrow{\text{氧化酶}} \underset{\text{醋酸}}{CH_3COOH} + \underset{\text{水}}{H_2O}$$

这时加入小苏打不但能中和掉酸味，而且在中和过程中，还产生二氧化碳气体，使面团泡松，所以加碱（小苏打）有去酸和辅助发酵的作用。这种面团制出的半成品，经过加热蒸制，二氧化碳气体受热膨胀，体积变大，面团中蛋白质受热固化成形，如馒头、花卷等。

二、色素

色素是指食用色素。食用色素分为天然色素与合成色素。我国使用天然色素对食品加色已有悠久的历史，如用麦芽糖经加热焦化而制成焦糖色，从植物中提取叶绿素，从鲜姜中提取姜黄素，从紫草茸中提取天然红色素，用黄栀子提取天然柠檬黄色素等。

1. 食用天然色素

它是从生物中提取的。由动物组织中提取的动物色素有虫胶色素等；在植物组织中提取的植物色素有胡萝卜素等；用曲霉菌种培养提取的微生物色素有红曲色素等。食用天然色素有：红曲米、姜黄、虫胶色素。

（1）红曲米　形状如碎米，外表呈棕红色，质轻脆，断面为粉红色，微有酸味，味淡，易溶于氯仿呈红色，溶于热水、酸、碱溶液，微溶于石油醚呈黄色，溶于苯中呈橘黄色。使用时应按照我国食品卫生标准规定为"正常生产需要"的使用量。

（2）虫胶红酸　它是一种溶于水溶液的虫胶色素。为鲜红色粉末，可溶于水、乙醇和丙二醇，但溶解度不大，而且温度愈高，在水中的溶解度愈小。最大使用量为0.1克/千克。

（3）姜黄素　它为晶体状，不溶于冷水，溶于乙醇、丙二醇，易溶于冰醋酸和碱溶液。在碱性时呈红褐色，在中性、酸性时呈黄色，有特殊芳香味。对蛋白质染着性强，能耐光、耐热，但耐铁离子性较差。在面点中按"正常生产需要"使用，在橘子汁中的用量为35克/千克。

2. 食用合成色素

食用合成色素是用人工方法合成的，它比天然色素色彩鲜艳，坚牢度大，性质稳定，着色力强，并能调制各种色调，成本低廉，使用方便。但合成色素很多属于煤焦油系统染料，无营养价值，大多数对人体有害，应该少用。面点中常用的四种食用合成色素介绍如下。

（1）苋菜红　为紫红色粉末，无臭。0.01%水溶液呈玫瑰红色，在碱性溶液中则变成暗红色，可溶于甘油、丙二醇，微溶于乙醇，不溶于油脂。耐细菌性差，但耐热性，耐盐性，耐酸性良好，对柠檬酸，酒石酸等稳定。由于对氧化还原作用敏感，在发酵面团中不能使用，只使用在面点表面上作彩色装饰，最大使用量为0.05克/千克。

（2）胭脂红　为红色粉末，无臭，溶于水呈红色，遇碱变成褐色。耐光性、耐酸性较好，但耐热性，耐细菌性较弱，最大使用量为0.05克/千克。

（3）柠檬黄　为橙黄色粉末，无臭，0.1%水溶液呈黄色，遇碱稍微变红，还原时褪色。耐热性、耐酸性、耐光性、耐盐性均好，耐氧化性较差。最大用量为0.1克/千克，其余参照苋菜红。

（4）靛蓝　为蓝色粉末，无臭，0.05%水溶液呈深蓝色，对水的溶解度较其他食用合成色素低，最大用量为0.1克/千克。

三、营养强化剂

营养强化剂可以增加和补充人体需要的营养成分，提高面点的营养价值，能保障人民的身体健康。现介绍维生素、氨基酸、无机盐三大类。

1. 维生素

维生素是调节人体各种新陈代谢过程中不可缺少的营养素。人体不能合成维生素，必须从体外不断摄取。如果体内缺乏维生素，就会引起机体代谢的障碍，产生维生素缺乏症。常用作强化剂的维生素有维生素A、维生素B_1、维生素B_2、维生素C、维生素D等。

2. 氨基酸

氨基酸是蛋白质的基本构成单位，也是肌体的重要组成成分。在人的机体内不能合成的八种氨基酸中，赖氨酸的营养强化作用已引起人们的注意，如在面粉中加入0.2%的赖氨酸，则蛋白质的营养价值提高47%～70%。

3. 无机盐

无机盐类，俗称为矿物质，它在食物中分布很广，一般都能满足机体的需要。钙在机体中是构成骨骼、牙齿的主要成分，帮助血液凝结，维持肌肉的伸缩、体内酸碱平衡，以及毛细管的正常渗透等作用。人体内的无机盐不断地新陈代谢，必须从食物中补充。但在面点中添加钙盐时，应注意两个方面：一是与维生素D合用，便于吸收；二是注意钙与磷的比例恰当，以提高营养价值。

（1）磷酸氢钙　磷酸氢钙为白色粉末，无臭，无味，易溶于盐酸、硝酸，不易溶于水及乙醇。加热至75℃以上时为无水盐，高热变成焦磷酸钙。常用于烤制的面包，用量为10克/千克。在发酸面团中，可作为酵母的营养物质，也可作面团改良剂使用。

（2）葡萄糖酸钙　为白色结晶或颗粒性粉末，无臭、无味。在空气中稳定，易溶于热水中，不溶于乙醇、乙醚，水溶液的pH值为6～7。其用量按葡萄糖酸钙中钙的理论含量9.16%计算，一般面点加入量在1%以下，吸收率比碳酸钙和磷酸氢钙高。在含油量高的面点中或油炸食品中添加时，能防止油脂氧化变质。

（3）乳酸钙　为白色颗粒或粉末，无臭，无味。在水中溶解成透明或微浑浊溶液，易溶于热水，不易溶于乙醇、乙醚、氯仿中。加热至150℃时成为无水盐。其钙含量为13%，可强化一般食品。由于人体对乳酸钙吸收率最好，作为儿童的营养强化剂最为适宜。

第四节　面点的制作要领

一、和面

1. 和面的作用

和面是面点制作过程中第一道工序，也是一个重要环节。和面工作好坏，将直接影响成品的质量和工艺造型。和面是将面粉与不同温度的水或油、蛋液掺和揉成面团，它有两个特点：

（1）面粉的性质发生了变化　面粉与不同温度的水或油、蛋液相互调和，发生了一系列的物理和化学变化，经调制好的面团具有一定的弹性、韧性、延伸性、可塑性，便于操作成型，加热成熟后才不下塌，吃起来有劲。

（2）加入辅料改变面团的性质　和面的过程中，应根据需要加入适当的辅料、调料，经调制均匀后，可以改变面团的性质，制作多种风味的面点。

2. 和面的要领

（1）和面的姿势　和面时，需要用一定强度的臂力和手腕力。因此要有正确的姿势，才能和好面并减少疲劳。其要领是两脚分开，站成丁字形或倒八字步形，站立端正不致左右摇摆；上身稍向前倾，便于用力。

（2）和面的要求　将面粉倒在案板上或大盆内，两手的五指叉开，由外向内 ，由底层向上拌和，使其疏散，如需要加入辅料，也要在抄拌均匀后，如需发酵，可把鲜酵母加水调散调均匀后，倒入面粉中和匀。油脂应在面粉拌和基本完成时加入，过早加入油脂，会影响面粉的吸水性，同时油脂会影响面筋的充分形成和酵母的发酵。

（3）掺水拌粉　掺水应在拌和面粉的过程中，边拌边掺水，掺水多少，应根据面粉的干湿程度、气候的寒暖、空气的干湿程度以及制品的要求等情况来确定。由于面点品种多，对面团性质的要求各不同，因而掺水量的出入也较大。一般的情况下，1 千克面粉，吃水 0. 37 千克左右，而且要分次加水、拌和，一般掺水三四次，使面粉逐步均匀吸水。在此基础上，按照要求揉好面，才能调制出好面团。和面要利落干净，使面团不夹粉粒，和匀和透，和完后要求面粉不粘手，也不粘面盆，做到面光、手光、盆光或案板光。这样和出的面团，才能基本上达到要求。

3. 和面的手法

和面的手法一般分为抄拌法、调和法、搅和法。

（1）抄拌法　将面粉倾入盆内，中间刨一个坑，水倾于坑中，用双手从外向内，由下向上反复抄拌。抄拌时，用力要均匀，水不沾手，以粉推水，使粉与水结合；再次加水，用双手抄拌，待水与面呈块状；再浇上剩余的水，揉成面团。抄拌法常用于冷水面团，发酵面团。

（2）调和法　将面粉倾于案板上，中间刨一个坑，倾入水，双手五指叉开，从外向内进行调和，待面粉粘连成片后，再掺入水，揉成面团。饮食业在案板上和面，主要是冷水面团、温水面团和油酥面团，操作时，手要灵活，动作要快，不能让水四溢。

（3）搅和法　将面粉倾入盆内，中间刨一个坑，也可以不刨坑，左手浇水，右手持面杖搅和，边浇边搅，搅匀成团。全烫面团适宜于在锅内搅拌均匀；三生面团、蛋液面团适宜在盆内搅拌，而且要顺着一个方向搅拌至均匀。

二、揉面

揉面是在面粉粒吸收水分发生黏结的基础上，才进行揉面。揉面是使面粉中的淀粉膨胀糊化，蛋白质接触水分，产生弹性，形成面筋的一个重要环节。

1. 揉面的手法

揉面时身体不能靠住案板，两脚要分开，双手用力揉面时，案板受力成 45 度以内的角度，案板不得摇动，粉料不得外落，双手用力推得开，卷得拢，五指并用，用力均匀。手腕着力，手腕用力向外推动，使面团摊开，从外向内卷起形成面团。再用双手往两侧摊开。摊开、卷叠；再摊开，再卷叠，揉匀揉透，揉至面团不粘手，不粘板，表面光滑而浸润为止。

2. 揉面时应注意的问题

（1）揉面只适用于水和面团，不能用于烫面团、混糖面团、油和面团等。

（2）操作过程中应顺着一个方向，使面团内形成面筋网络，不易破坏。

（3）面团没有吃透水分时，揉面时用力要轻一些，面团吃透水分后，用力要重一些。

（4）面团配的各种辅料，要拌匀分布在面团内，要保护面团光洁。

（5）揉面的时间应根据品种来定，要求筋力大的面团要多揉一些时间；要求筋力小的面团则少揉，揉至均匀即可，酌情掌握。

3．揉面的四种手法

根据面团的性质和制成品的要求，揉面有捣、揣（扎）、摔、擦等四种手法。通过这些手法可以使面团增劲、柔润、光滑或酥软。

（1）捣　在和面之后放入盆内，双手握紧拳头，用力由上向下捣压面团，力量越大越好。面团被捣压，挤向缸的周围，又从周围叠拢到中间，继续捣压，如此反复多次捣压，达到面团捣透，面团有劲，俗话说："要使面团好，拳头捣千次。"总之，要捣透，捣至有劲有筋力为好。

（2）揣　用双手握紧拳头，交叉在面团上揣压。边揣、边压、边推，把面团向外揣开，然后卷拢再揣。揣比揉用力大，特别是大面团，都要用揣的手法，也有手沾上水揣，又叫扎。其方法是相同的，适用于制作家常食饼的水调面团。

（3）摔　有两种手法：一种用两手拿着面团的两头，举起来，手不离面，摔在案板上，摔匀为止；另一种是稀软面团的摔法，用一手拿起，脱手摔在盆内，摔下，拿起，再摔下反复进行，一直摔至面团均匀。如制春卷面团。

（4）擦　制作油酥面团和部分米粉面团，将面粉与油拌和成团，用双手掌将面团一层一层向前边推擦，面团推擦开后，滚回身前，卷拢成团，照前法继续向前推擦，反复多次，直至擦匀擦透，油和面紧密结合，增强黏合性，使其成型美观。

三、搓条

将揉好的面团搓成长条的一种方法叫搓条。即用刀切一块面团，先拉成长条，用双手掌在面条上来回推搓，边推边搓，使之向两端延伸，成为粗细均匀而光滑的圆柱形长条。但要做到两手用力均匀，两边着力平衡，防止一边重，一边轻。圆条的粗细，要根据成品的要求而定。如馒头、大包子的条要粗一些；饺子、小笼包等圆条要细小一些。圆条无论粗细，都要做到均匀一致。

四、下剂

将面团搓成条之后，开始下剂，下剂又称揪剂、切剂、剁剂、摘剂、掐剂等。而常用的手法有：

1. 揪剂

搓条成型后，左手握住条，剂条从左手虎口中露出来，剂子需要多少长，就揪出多少长，用右手大拇指和食指捏住，顺着剂条向下一揪（或一摘），即成一个剂子，立着放在案板上。左手握的剂条要趁手势翻一个身，使剂条成圆形，再揪下第二个剂子，才比较圆而不成扁形，且大小均匀。剂条不断地翻身，不断地揪下剂子，需要多少，揪多少剂子，根据制作的成品来定。

2. 切剂

面团的种类多，要根据面团的特性，如制油饼、油条的面团很柔软，无法搓条，和好面团后，摊在案板上，按均匀先切成条，再切成块或擀成圆形（如油条的制作）。

3. 剁剂

面团搓成剂条，置于案板上，用面刀按照成品的规格，一刀一刀剁成剂子，既是剂子，又是半成品，如馒头、面块等。这种操作效率高，省时间，又适合公共食堂大量生产的要求。

五、制皮

制皮，是面点中的基本操作技术之一。由于制皮的品种多，大小厚薄各不相同，有的要下剂，有的不下剂，归纳起来有以下几种手法。

1. 按皮

将下的剂子，用两手揉成球形，再用右手掌将四周的边缘按薄，中间较厚的圆皮，这种制皮适用于豆沙包、糖包等。

2. 捏皮

捏皮又称为捏汤圆。先将米粉团揉匀搓圆，再用右手拇指按成凹形，加入馅心、封口，捏成圆形，适用于制作汤圆，珍珠元子等。

3. 擀皮

擀皮是饮食行业最普遍的一种制皮法，技术性较强。擀法也有多种多样的，擀面杖的形状各地均不一样，有的为小枣核杖，有的为青果形杖，有的为长条椭圆形杖。擀皮时，有的用单擀面杖，有的用双擀面杖。有以下几种擀皮法。

(1) 单面杖擀皮法　将面剂用左手掌按扁，以左手的大拇指、食指、中指捏住边缘，放在案板上，不断向左后面转动，右手扶面杖置于剂子的1/3处沿周围滚动，转动时用力均匀，擀成中间稍厚，四边稍薄的圆皮，用于制水饺、蒸饺、汤包、小笼包子等。

(2) 双面杖擀皮法　即用双手使用两根擀面杖擀皮。操作时，将面剂按扁，双手扶面杖向前后推动，也要从左边到右边来回擀动，两手用力均匀，而两根面杖要平行靠拢，不能分开，掌握面杖的着力点，速度快，擀出的面皮厚薄均匀成圆形，用于烫面皮或其他品种的圆皮均可。

(3) 青果杖擀皮法　在案板上先把面剂按扁，撒上面粉，用两头尖、中间粗的青果面杖擀皮，面杖的着力点应放在边上，左手扶住面皮坯，右手用力推动面杖，边擀边转，向一个方面转动，擀成有波浪纹的荷叶边形，用力要均匀，不能擀破边缘，适用于擀烧卖皮。

(4) 通心槌擀皮法　这是擀制烧卖皮的另一种手法。用双手捏住通心槌的两端，用力压住剂子的边缘，边擀边转，两手用力平衡均匀，沿着一个方向来回转动，擀制的皮子均匀成片。

(5) 用轴心滚筒擀面皮法　用于大的面团块，不下剂子，不用擀面杖，用轴心滚筒，压在面块上，双手掌握轴心滚筒两端轴心把，先向前推动，向前推擀要重，回来要轻，两手用力平衡，擀成皮，再用面刀切成方块（如抄手皮），或切成面条、面块等。

总之，制皮要注意：按剂子要求先圆，再按成扁圆形；擀时用力均匀，擀制出的面皮才符合要求，一般要求圆皮中间稍厚，边缘较薄，包馅才不致漏馅，外形美观；制成皮后，及时使用，否则皮易干燥或互相粘连，影响成品的质量。

六、包馅和包馅的方法

包馅又称为上馅。馅料种类很多，如糖馅、豆沙馅、肉馅、素料馅、荤素馅等。由于品种不同，包馅的方法也不同。

包馅法常用于制作包子、点心、饺子等。由于品种的不同，采用的包馅方法也不相同，现分述如下。

1．无缝包馅法

无缝包馅法，适用于制作糖包子、豆沙包子、附油包子等。馅心放于皮子的中心，包好封口即成，关键是无缝而不漏馅。

2．捏边包馅法

捏边包馅法，将馅心放于面皮内稍偏一些，然后对折盖上馅料，合拢捏紧，馅料要求放在成品中心，如水饺、花边饺等。

3．提褶包馅法

提褶包馅法，常用于成品比较大，馅料比较多的品种，为显示制成品美观和馅心的丰满，采用提摺的工艺手法，一般的肉馅包子即用此法。提褶层次较多，显形大方美观精致。如席点上的小笼包子；还有卷边的品种如盒子形，用两张皮合拢，提花卷边或三角形的提皱纹卷边，形状如花纹式样。

4．轻捏包馅法

轻捏包馅法，常用于皮薄、馅料多的品种。馅料放于面皮中心，用手在馅心上端轻轻捏合成翻口花瓶形状，不封口，不露馅，如玻璃烧卖。

5. 卷包馅法

卷包馅法，将面皮片装填上馅料（馅料有茸泥、细粒、粗粒、小薄片等），将其卷成圆筒形，经蒸熟、炸熟后切成短节，两头露馅，如油炸蛋卷、豆沙卷等。

6. 夹馅法

夹馅法，常用于糕类品种，一层粉料一层馅，馅料要平铺均匀，夹上二三层，多者可至九层，如年糕等。

7. 滚馅法

滚馅法，适用面不宽，只限于汤圆。将馅切成小方块，沾湿水分，放入米粉中摇动簸箕裹上干粉而成。

复习题

1. 什么叫食品添加剂？
2. 生物膨松剂在面团里发酵的变化有哪几个步骤？
3. 什么叫色素？色素有几种？怎样使用才符合要求？
4. 强化剂分几大类，各有什么用途？
5. 面点制作的制作有哪些？
6. 如何掌握和面的要领和要求？

第四章　面团调制的基础知识*

第一节　水调面团

一、冷水面团

1. 冷水面团的性质和用途

冷水面团是和面时全部用冷水调和，然后再经过反复揉搓制成各种不同制品的面团。因为和面时用的水温低，面粉中的面筋没有受到破坏，面团内部无空隙，组织严密，质地坚韧，体积也不膨胀，所以面团具有筋力足、韧性强、拉力大的特性。

根据试验，冷水面团中的淀粉的物理性质，在常温条

* 这里主要介绍传统的面团调制基础知识，机械化调制知识略。

件下基本没有变化，吸水率低。如水温在30℃时，淀粉能结合水分30%左右，颗粒也不膨胀，大体上仍保持硬粒状态。

试验证明：冷水面团中，蛋白质的物理性质在常温条件下，不会发生变化，吸水率高。如水温在30℃时，蛋白质能结合水分150%左右，经过揉搓，能逐步形成柔软而有弹性的胶体组织，俗称“面筋”。

冷水面团适宜水煮或烙制品，制出的成品色白、爽口、有韧性、不易破碎，一般用来制作面条、水饺、春饼皮、馄饨皮等。

2. 冷水面团调制方法

冷水面团调制时，要经过下粉、掺水、拌和、揉搓四个过程。面粉倒在案板上，将面粉刨个小坑，再将冷水分次掺入，随掺水随拌和面粉，拌和均匀，反复揉搓，揉至面团光滑，不粘手为止，即三光——手光、面光、板光，然后盖上湿帕饧20分钟~30分钟。

特点：色白、爽口、有韧性、不易破碎。

要求：软硬适度，反复揉搓，做到“三光”。

注意事项：掌握好水的比例，水不要一次加足，顺一方向揉面，盖上湿帕饧。

3. 冷水面团的种类与配料

硬面团：面粉500克，冷水200克，适宜制作面条。软面团：面粉500克，冷水250克，适宜制作水饺；面粉500克，冷水350克，适宜制作春卷皮。

二、温水面团

温水面团是在和面时加入60℃～70℃的温水，与面粉调制而成的面团。由于调制时用的水温不同，可调制成三生面、二生面、四生面等，这些都是属于温水面团的范围。

1. 温水面团的性质和用途

一般是用60℃～70℃的温水与面粉调制而成的面团，由于用温水调制，面粉中的筋质受到一定的限制，而淀粉的吸水量却增加。因此温水面团色较白，有一定韧性，但较柔软，而面筋力比冷水面团稍差，富有可塑性，无弹性。

温水面团中，淀粉的物理性质发生了明显的变化。小麦淀粉在50℃时开始膨胀，在65℃～67℃时糊化，糊化温度的前后，淀粉的物理性质变化是非常明显的，淀粉颗粒体积比常温下膨胀大几倍，吸水量增大，黏性增强，大量溶于水中，成为黏度较高的溶胶。

从蛋白质的物理性质看，当水温升高时，情况就发生了变化，蛋白质在60℃～70℃时开始热变化（与淀粉糊化温度相近），逐渐凝固。温度越高，变性越大。这种变性，使面团中的面筋质受到了破坏，因而温水面团的延伸性、弹性、韧性减退，吸水率降低，只有黏度略有增加。

温水面团一般适宜制作各种花色饺子、家常饼、葱油饼等。

2. 温水面团的调制方法

面粉倒在案板上或盆内，中间刨个小坑，一手拿小擀面杖，一手倒温水；一边倒水，一边用小擀面杖和面，然后再用双手拌匀，反复揉搓，揉至面团光滑，摊开晾冷，最后再揉成团，盖上湿帕即成。

特点：色较白，富有可塑性，制品成熟后有一定韧性。

要求：和面时动作要快，反复揉搓，达到面团光滑。

注意事项：正确掌握水温与用水量，揉好后摊开晾冷。

温水面团配料：面粉500克，70℃～80℃温水350克（三生面）。面粉500克，60℃温水300克（四生面）。

三、沸水面团

1. 沸水面团的性质和用途

沸水面团又称烫面，开水面团，全熟面团等，是用沸水调制而成。由于这种面团调制时水温高，而面粉中的各种物质发生了很大的变化，因而调制的面团黏性大，柔软，细腻，并略带甜味，筋力差、色泽较差。

沸水面团，从淀粉的物理性质看，淀粉经沸水调制时，开始三个阶段的变化，由于水温高，淀粉颗粒变化成无定形的袋状，同时有更多的淀粉成为黏度更高的粘胶，淀粉的糊化作用和蛋白质的热变性，使面团变得黏性大和柔软。

从蛋白质的物理性质看，由于水温越高，蛋白质热变性越大，而面团中的面筋质受到更大的破坏。因此面团的延伸性、弹性、韧性都减退，亲水性更加衰退，只有黏度增强。

沸水面团适宜制作各种花色饺子、波丝油糕、和糖油糕、凤尾油糕等。

2. 沸水面团的调制

炉内火旺，放上铁锅加入冷水，待水烧沸后，一手拿小擀面杖，一手将面粉慢慢倒入锅中，一边倒面粉，一边用小擀面杖快速搅拌，直至将面粉全部烫熟，再将烫熟的面团放在案板上，反复揉搓，散去面团中的热气即成。

特点：性质柔软、细腻，易于消化，可塑性强，略带甜味。

要求：调制时动作要快，软硬适度。

注意事项：烫面时火旺、水沸，收干面团表面水分，散去面团中的热气。

沸水面团的配料：面粉 500 克，沸水 450 克，化猪油 20 克。

第二节　发酵面团

一、发酵面团的分类、制法、特点及用途

1. 老酵面

老酵面又称为酵种、老面、面肥、发面头、引子等。饮食行业都以发过头的酵面，作为下次制作大酵面的酵种，每一次的大酵面团都要留 1 千克 ~2 千克，作为酵种。

2. 大酵面团

大酵面团又称为发酵面，即“登面”，就是一次加入发酵剂，将面团发足的发酵面团。它的特点是：性质松软，形状饱满，容易消化，营养丰富。适用于馒头、花卷、包子等。

大酵面团的调制方法：春季用面粉 10 千克、水 5 千克，酵种 0.5 千克左右，将面粉倒于案板上，酵种用温水澧散，加入面粉中拌匀，逐步加水和匀，反复揉成面团至表面光滑，用湿润纱布盖住面团发酵，两小时后加食碱揉匀，再用湿润纱布盖住饧 20 分钟即成。

3. 嫩酵面

嫩酵面，又称嫩发面。就是没有发足的发面，一般为大发酵时间的 2/5。它的结构较紧密，较有韧性，最适宜做皮薄馅多的品种，如制作小笼包子。

嫩酵面的调制，其用量比例与大酵面一样，和面、揉面的方法也相同。发酵时间较短，如热天，大酵面发酵一小时，嫩酵面最多 30 分钟，稍稍发起来，略显膨松，又带有子面的韧性最为合适。

4. 抢酵面

在热天急需使用酵面但酵面已发过头，亟待处理时，可在酵面中加入面粉糅和均匀，稍饧一下，就可以使用，这称为抢酵面。但必须注意，要根据制作品种的不同，决定加入干面粉的多少。而这种抢酵面制作出的成品的质量不如大酵面的效果好。

抢酵面的具体做法，一般用酵面四成，干面粉六成一起拌和均匀，再加入适当的水和食碱调剂，或者酵面与面粉各占 1/2，调制好后使用。

5．戗酵面

戗酵面是在酵面中戗入面粉，揉搓成团，制作成品。其戗法有两种：一种用大酵面（加好碱的），戗入 30% ~ 40% 的干面粉调制成的，其加工的成品，筋力强、有劲，可做硬馍、锅盔等。另一种是酵面戗入 50% 的干面粉，调制成团，进行发酵，发酵时间与大酵面相同，要求发足发透，加碱和糖，制作出的成品表面开花，柔软，香甜，适用于制作开花馒头。

二、发酵中应注意的几个问题

饮食行业中制作米、面食品的种类较多，要求达到色、香、味、形俱佳，使人们见面思食，食后又满意。以发面制品的小笼包子、燕窝粑为例，其先决条件就与面点技师正确掌握好发酵面的酵母用量、温度（气温、水温）和时间、加碱多少等有着密切的关系。为了保证提高发酵面的效果和制成品的质量，在发酵过程中要注意以下几个问题。

1．酵母的用量

应根据发酵面性质、制品的品种，以及温度（气温、水温）等条件来决定酵母的用量。急发面时，发酵时间就短，酵母用量多；反之则发酵的时间就长，酵母用量少。从实践经验证明，这就要我们在接发酵面时，应根据实际情况，注意发酵时间和发酵的温度，适当掌握酵母和水的使用量。

2．温度

由于酶和酵母对温度有很大的敏感性，面团发酵的温度，对发酵起着极大的影响。各种酵母在20℃～40℃最为活跃，发酵最快，15℃以下繁殖缓慢，0℃便失掉活动能力，60℃以上发生死亡。淀粉酶在40℃～50℃作用好。饮食行业掌握发酵温度的方法，是根据四季温度来掌握调节，夏天用冷水，春、秋天用温水，冬天用热水，以水温不得超过50℃为宜。特别是在冬季接面时要注意保温，发面缸放置于温暖的地方，使酵母得到正常繁殖，发面就能正常发酵。

3. 吃水量

在面团发酵过程中，吃水量多的为软面团，吃水量少的为硬面团。软面团发酵快，也容易被发酵中产生的二氧化碳气体所膨胀，但是气体容易散失；硬面团发酵慢，是因面团的面筋网络紧密，抑制二氧化碳气体产生，但也防止了气体的散失。夏天的发面团吃水量应少于春、秋、冬季。因夏天气温高，空气潮湿，面粉有吸湿的作用。一般来说，发酵面团不宜太硬，稍软一些较为适宜。

表3　5千克面粉在各季发酵时酵母与水的用量（单位：千克）

项　目	春	夏	秋	冬
酵母种用量	0.3	0.2	0.3	0.5
吃　水　量	2.5	2.2	2.5	2.5

4. 发酵时间

发酵时间对面团质量的影响很大。时间过长，发酵过头，面团质量差，酸味重，制作成品时，影响操作，蒸制出来的成品形状不好；时间短了，发酵不足，质量差，制出的成品不松泡，形状也差，达不到色、香、味、形的要求。所以必须掌握发酵时间，发酵足而不过头，使面团松泡柔嫩，成形良好。

5．保藏酵种

发好的酵面，除了及时使用外，还要保留 2 千克 ~5 千克作为酵种。夏天则可放在和面机中或缸里，存放在凉爽通风处，以防酵母发过头。冬天，最好放在不易散热的木桶里，如果放在缸里，最好放置在温度为 20℃ ~25℃ 的环境中，以防酵面冻坏。

三、施碱和发酵面团的质量鉴定

1．为什么要施碱

施碱的原因在本书第三章第三节中已讲得很清楚了，一方面是为了中和发酵过程中产生的酸，另一方面在中和过程中产生的二氧化碳在受热时膨胀，使面团呈海绵状变得松软。

2．正确施碱

面团经过发酵后，根据发酵的程度不同有大酵面，嫩酵面等区别，施碱量也不同。除此之外，还要因气温的高低，成品的要求施用不同的碱。通常使用的白碱（碳酸钠），小苏打（碳酸氢钠）和草碱作为酵面加碱或扎碱用。我们在实践中，白碱压酸力量强，用于大酵面团、嫩酵面团，在夏季用白碱扎酵面团，跑碱慢，制出的食品能达到色、香、味、形皆好。小苏打多用于没有发透的嫩酵面团，因小苏打压酸力较弱于白碱和草碱。同样一块酵面，热天比冷天加碱量要多一些，因热天酵面中的菌体繁殖快，醋酸菌也大量繁殖，酸性增加快。酸性一旦超过碱性必须继续扎碱。成都地区发酵面施碱量：

表4

面粉量（千克）	碱名	大酵面（克）	嫩酵面（克）
25	苏打	240	190
25	白碱	190	140
25	草碱	190	140

3. 检查酵面团施碱情况的方法

发酵面团发酵很好，如果施碱量不准确，则会前功尽弃，这是白案师必须注意的问题。施碱过重，成品色黄，揉得不均匀，黄一块、白一块，甚至成品表面破裂开花；施碱不足，制成品形状挺不起来，如橘皮形状，不白、无光泽，将会影响成品质量。一般的检查法有以下几种：

（1）看酵面法　用刀切开面团，看内部空隙是否均匀呈圆孔形，如碎米大小表示正碱；空隙细小很密，呈扁长形的是重碱；空隙大而多，且大小不一，呈椭圆形则是缺碱。

（2）揉酵面法　在揉酵面时，酵面粘手无劲，是缺碱；劲过大，滑手，是重碱；有一定劲力，不粘手是正碱。

（3）闻酵面法　闻到酵面的香味是正碱，酸味是缺碱，碱味浓为伤碱。

（4）拍酵面法　用手拍酵面团听声音，发出松而空的“扑扑”声是缺碱；发出坚实而板结的声音是重碱；发出脆而响亮的“嘭嘭”声是正碱。

（5）*蒸或烧烤法*　取一小块酵面放入蒸笼或烘烤后分开，色白嫩香，泡度好，爽口为正碱；皮起皱、味酸、粘口为缺碱；色黄为伤碱。

（6）*补救方法*　发现缺碱的酵面团，根据实践经验和原先下碱的多少，应加多少碱，才能使酵面团达到正碱。重碱的面团，可加入适量的发酵面团（未加碱的面团）揉匀，或者加白醋以中和碱性。或多延长一些时间继续走碱发酵，反复揉匀，达到正碱为止。

第三节　水油面团

将油、水掺入面粉内，拌和均匀，反复揉搓成的面团，称水油面团。为了使调制的油水面团达到既有筋力，又有韧性；既润滑又能起酥的效果，必须投料准确。一般每1000克面粉掺入熟猪油180克～230克、水340克～400克。油与水不能过多或过少，特别是油的用量要准确。油量过多，酥性大，影响与油酥面的结合与分层，起不到酥皮的作用；油量过少，则筋力大而酥性不足，制作的成品吃起来口感较坚硬，不酥松。要求水温一般在30℃～40℃为宜，热天水的温度要低一些，冬天水的温度要高一些。油、水、面同时拌匀，揉匀搓透直至面团光滑有韧性为止。如果未揉匀揉透，则成品容易破裂，馅心外流。油水量是否合适，必须进行检验，用手指插入面团中又立刻抽出，以不粘手指并有油光润指为宜。水油面团适用于作酥食品的酥面包皮。

第四节　油酥面团

一、油酥面团的调制方法

油酥面团又称干酥面团，是用油脂与面粉和匀，经反复搓揉后制成。

面粉1千克、熟猪油0.5千克（夏季0.4千克~0.45千克）拌和，再用单手掌或双手掌在案板上向前边推边搓揉，滚成团后再继续搓揉，如此反复搓揉，直至面团滋润、细腻为止。

一般是用生面粉调制，也有用熟制的熟面粉调制。面粉经熟制后，蛋白质已变性，不会再形成面筋网络，起酥效果好；也有人认为起酥足，成品容易散碎。油以用凉熟猪油为好，用热油则易脱壳，易炸边，形不美。干油酥要顺擦、擦透、擦出干油酥的可塑性，要经过30分钟的"擦酥"，才能收到良好的效果。

二、包酥的制法

包酥又称为起酥、开酥、破酥。所谓包酥，就是调制好的干油酥包入水油面中，包好擀匀，作为酥点的坯皮和剂子。在具体做法上分为大包酥和小包酥两种。

1. 大包酥

一次包制的面团，数量较多，可制几十个剂坯。首先将水油面搓成长条，擀成厚薄均匀，厚度为0.6厘米左右的长片形；干油酥也搓成长条，放在水油面的中间，用双手按开按匀，其面积占水油面的1/3，前面叠上一层，再从后面叠上一层，变成三层。这样干油酥就包入水油面内，再将包好的油酥面，擀成厚度为0.6厘米～1.3厘米的长方片，从左面向右叠一层，从右向左再叠一层，又变成三层，再继续擀成长方片，卷成圆筒形，卷时要卷得紧，要卷均匀，筒形粗细一致，再按制成品的大小规格切成剂子。其特点是量大、效率高、时间短。若起酥不均匀，质量则差。

2. 小包酥

每次作的数量很少，一次只能制作几个，甚至一个一个地制作，可以用卷的方法，也可以用叠的方法。其具体做法与大包酥相类似。先将干油酥包放进水油面中，收好口捏紧，收口向下放，按扁，擀薄，擀时注意四角对称，当叠成三层以后，再擀薄。卷时，从外沿切下一条，贴于靠身的内沿，要擀平，然后再从外沿向内沿卷紧。这样操作，是防止中心仍有酥层。另外可用叠的方法，则每次叠为三层，然后再擀薄，一般反复三次，有27层即可（层次太多，制成品的层次不清）。其特点是，擀制方便，酥层清晰均匀，坯皮光滑不易破裂。但速度慢，效率低，一次只有五六个成品。由于坯皮的质量较高，酥层细密，适用于做各种花色酥点。

3. 大包酥、小包酥制作过程中应注意的问题

（1）酥皮与酥心比例　一般为4∶6（干油酥20克、水油酥30克左右）。干油酥心过多，不仅擀皮困难，也容

易发生面皮破裂、漏馅，成品易碎等。水油面皮过多，面皮较硬，酥层过厚，且不清晰，影响酥松性。

（2）酥皮与酥心的软硬度要相宜　如果外皮硬，内心软，会影响成形和起层。

（3）制作水油面皮包干油酥　要将水油面的周围擀得厚薄均匀一致，边沿稍薄一点，以防止收口处过厚，影响起酥的层次。擀制时，扑粉要少，卷筒要卷得紧，层次之间紧密结合，切下的剂子要用湿布盖住，防止起壳。

三、酥皮的种类和制法

为了适应不同酥制品的质量和特色，分为明酥、暗酥和半暗酥三种类型。其制法如下。

1. 明酥的制法

明酥中有圆酥和直酥两种。

（1）圆酥　用小包酥方法制成卷酥，卷成长条形以后，按品种规格用刀切成一段一段的坯子，刀口向上面，用手自上向下按扁，再用擀面杖由中心向外轻轻擀开，但不能将酥层擀乱，然后放上馅心，包捏成形。酥饺用一张皮子，并对折整齐捏紧，在圆边上捏成花纹。酥盒子用二张皮子，合起对齐，四周边缘要捏紧，捏上花纹。其特点，酥层清晰，均匀而不混酥，不破损，不漏酥等。

（2）直酥　直酥和圆酥制法相同，只是切法不同。小包酥卷成长条以后，根据成品要求的规格，切下一段，然后将其对剖成两块，刀口向下，用手按成圆皮，包馅后按照品种要求，制成各种形状的直纹。贴案板的一面为坯皮面子，如马蹄酥、燕窝酥等。

（3）擀制明酥的要求

①擀皮时角要对齐，厚薄均匀，卷紧，少用扑粉。

②按坯子时要按准、揿圆、轻轻擀开。

③坯皮擀好后，用酥层清晰的一面做面子。

2. 暗酥的制法

用小包酥的方法制成叠酥，按品种规格制成坯子，如百合酥、梅花酥等品种。再将小包酥卷成长条形以后，按规格切成段，刀口向着左右两边放，手从上面按扁，并擀开放入馅心，便可捏成型。但这种方法不及叠酥的层次清晰。同样用大包酥制作的坯皮也是暗酥。还有一种横酥，实际上属于卷酥中的暗酥，如凤尾酥、莲花酥等。制作暗酥在操作时要注意几点：

①卷时要卷得紧，两头要平。

②用片刀或快刀切开，要切得利索，防止酥层粘连。

③擀皮时，不能擀得太薄，以防酥层不清晰。

3. 半暗酥的制法

一般用大包酥的方法来制作，把酥皮卷成筒状后，切成小段，将酥面用手按扁，再用小擀面杖擀成皮，包入馅心，可捏成形。半暗酥层大部分藏在里面，酥层露在外面只有一部分，成熟后比暗酥涨发性大，要求涨发均匀，形态逼真。擀好的酥皮，层次多的一面一定向外边，油炸后涨发更大，形状美观，适用于包有馅心的品种，宜做花色酥点。

第五节　蛋液面团

一、纯蛋液面团

纯蛋液面团是将蛋液倒入盆内搅匀，加入面粉拌和均匀揉制成的面团。也可把蛋清、蛋黄分别搅打成泡沫，加其他配料，再加面粉入蛋泡内，搅拌均匀。适用于制蛋糕、蛋卷、金丝面、银丝面、全蛋面等。

二、水蛋液面团

水蛋液面团是用清水、蛋液拌和后加入面粉拌匀揉制的面团。一般水与蛋液各占50%，在和面时有的加白糖、红糖，以提高制品的甜度。有的不需要加糖，和好后进行揉搓，要揉至不粘手，不粘案板，面团光滑，适用于制作锅盔、面条等。

三、油蛋液面团

油蛋液面团是用熟猪油、蛋液和面粉拌和调制的面团。

调制方法　将面粉入盆或倒在案板上，加入鸡蛋液、熟猪油或菜油（蛋液约占80%，油脂20%）后，再用手掌反复揉搓，直到揉匀、揉透，有光泽时为止。有的需要加糖，可减少用蛋量，适用于炸制麻花、酥饼等。

第六节　米食面团及其他糕面团

一、米食面团

凡是用大米、糯米或者两种以上粮食混合制作的食品，即称为米食面团。它是用米加工成水浆、吊浆、发浆、熟浆、干粉、糕粉、熟米、阴米等制成的。现将加工制法如下：

1．水浆

大米或糯米淘洗干净，加清水泡发10小时左右。大米浸泡时间长一些，要泡涨，泡透心，用筲箕滤干水分，换上清水，用细齿磨磨成浆，即为水浆。水浆可制作米凉粉、凉糕、米粉、米线等。

2．吊浆

吊浆有大米吊浆，糯米吊浆，二米吊浆。应按品种不同的特点，分别将大米、糯米分成搭配（如二八成、三七成、四六成等）。如前法泡涨后，磨成水浆，装入洁净布袋内吊干水分，即可制作成汤圆、年糕等。

3．发浆

选用有光泽的上等大米，淘洗干净，入盆浸泡10小时后，泡涨至透心后，用筲箕滤干水分，再加清水，加大米饭（10千克大米，加1千克大米饭）混合入磨，磨成不干不稀的米浆。将其装入缸内，加酵浆1/10，用木棒搅匀盖严，约10小时（热天5小时）左右，起泡发酵即制作为成品。冬天注意保持发酵缸的温度在35℃左右。发浆有老嫩之分，老浆酸重，嫩浆酸轻，如有酸味的，必须加适量苏打压住酸味，以免成品有酸味。发浆可制作白蜂糕、发糕、泡粑等。

酵浆是用不稠不稀的米浆1千克装入缸钵内加醪糟汁300克，和匀加盖，冬天一昼夜，夏天约四五个小时，待松软起泡时即成。

4. 熟浆

用石磨磨出来的不稀不浓的浆汁入干净锅内搅煮至熟即成。

5. 干粉

将洁净的大米或糯米用磨磨成粉即成干粉。另一种方法是将米淘洗干净后，用碓窝舂成粉，称为“磕粉”，经过箩筛筛后才能使用。

6. 糕粉

先用上等大米淘洗干净，装入筲箕滤干水分，下入八成热水内烫两三分钟（不宜过久），然后再滤干水分，倒于案板上堆好，用洁布盖上，以待大米吸收水分。另将锅洗净，倒入制好的油沙，炒至十成热，加入大米或糯米，用木刮子不断翻炒，炒至白泡不黄起锅，用钢丝筛筛去油沙，磨成粉即成糕粉。糕粉可用于拌制各种糖馅、片糕等。

7. 熟米和阴米

将糯米、籼米淘洗干净，入笼蒸熟即是熟米，可制作醪糟、油糕等。糯米蒸至半熟（以米不膨胀，不透心为宜）后晾干，即成阴米。将阴米炒泡成米花，即可制作各种米花糖。

二、粗粮类

除面粉、米粉原料能制作面点，小吃外，还有用薯类、豆类、杂粮等粗粮为原料的。薯类有马铃薯粉、红薯粉等。豆类有豌豆粉、蚕豆粉、大豆粉、绿豆粉等。杂粮包括玉米粉、高粱粉、荞面粉、大麦粉等。此外还有荸荠粉、藕粉等。这些原料都含有淀粉、蛋白质等成分。由于面点、小吃品种多，成品规格不同，质量要求多种多样。而各种豆类、薯类等杂粮粉末的性质不一样，故有的用生粉，有的用熟粉。由于调制粉团的方法不同，品种风味特点也不同。其配料、造型很讲究，制作精细，能制作很多品种，如山药汤圆、山药糕、蚕豆糕、绿豆团、绿豆凉糕等。

复习题

一、问答题

1. 水调面团有几种？水调面团的特点是什么？
2. 怎样调制沸水面团？应注意什么？
3. 水温对蛋白质、淀粉有什么影响？
4. 发酵面团有几种？说说各自的特点。
5. 在发酵过程中要注意哪几个主要问题？
6. 酵母发酵的原理是什么？
7. 面团发酵常使用哪些发酵原料？各自的发酵原理是什么？
8. 检查面团施碱的方法有几种？
9. 怎样调制水油面团？
10. 什么叫大包酥和小包酥？

11. 试述酥皮的种类和制法。

12. 蛋液面团有几种？说说各有什么特点。

13. 试述米食面团的制作过程及其特点。

二、判断改错题

将下列各题中错误的字、句画掉，并改正。

1. 水调面团，又称子面、死面、老面、发酵面。

2. 水调面团的成品烹制熟后，口感好，有韧性，不爽口。

三、填空题

1. 调制水油面团，要求水温一般在________________为宜，夏天水的温度要__________；冬天，水的温度要________。

2. 油酥面团的面粉，经熟制后，蛋白质已__________，不会再形成__________，起酥__________。

3. 发酵面团，如果施碱过重，成品__________，揉得不均匀__________，甚至成品表面__________；施碱不足，制品形状____________________。

4. 制作大、小包酥时，酥皮与酥心的比例，一般是__________，即干油酥__________克，水油酥__________克。

5. 制作蛋液面团，一般是水与蛋液各______________。

6. 制作油蛋液面团，蛋液约占__________，油脂约占__________。

7. 米食面团的吊浆，有______吊浆、______吊浆、______吊浆。

第五章　面条和面臊的制法

第一节　面条的几种制作方法

一、面条的制作方法

1．手工面

手工面是采用优质面粉、水、盐和手工技术制作出来的面条。它既要掌握好各种原料配制的比例，又要按照季节的不同要求进行制作（见表5）。

表5

季节	面粉（千克）	清水用量（千克）	白碱用量（克）
春	5	1.9	35
夏	5	1.9	40
秋	5	2.0	35
冬	5	2.0	32

将面粉倒于案板，在面粉中间刨个坑，分二至三次加水于坑中，拌和均匀后，用劲反复揉搓，然后用拳头将面团擂成一个整块，再擂成椭圆形，把两头卷好、重叠起，再擂成条方形，使两头、中间、大小、厚薄一致。要求面团不粘手，不粘板，表面光滑后，用湿纱布盖 30 分钟～40 分钟，使面团内的蛋白质充分浸润，以增强粘韧性。擀面皮时，将面皮的面子贴着案板，用手擂的一面扑上豆粉，并用擀面杖从右至左，又从左至右，反复的压成“人字形”，使面条向两头伸长，然后再用面杖把两头和四周边沿推平，厚薄均匀，扑上豆粉，把面皮裹在面杖上，用力推均匀，厚薄一致，然后把面杖抽出。如此反复三四遍，直到把面皮擀薄后，扑上豆粉，左手持擀面杖从左到右把面皮摊开，再扑上豆粉，用刀将面皮划断，开成若干张大小基本相同的面皮块。将面皮块重叠好，再从两侧约 1/3 处将面皮折叠转来，左手按面，右手持刀，按照面条所需要的规格，有顺序地切成宽窄均匀的面条，并抖伸放于面簸箕内，即成为手工面。

2. 坐杆面

坐杆面是用一种比较原始的生产技术制作的面。它是用坐杠把面压熟，以代替手工揉面的工序，达到省力、省时。如制作量较大，可以采用这种操作方法。

面粉 10 千克，水 3.4 千克，用碱量同手工面，水量比一般和面要少些，和面要揣均匀，其余与手工面工序相同。将揉好的面团放在案板上，把木杠前端穿至壁上特制的孔内，用大腿坐在杠上，其压力比手工力大，使木杠在面块上均匀地来回压动，直至压熟。然后擀皮、上扑粉、折叠等操作。这种特制的面条水分轻，叶子薄，不易煮烂，不浑汤，能大批的制作。在无机器压面的情况下，使用坐杆压还是适宜的。

3. 机制面

机制面的和面、扑粉、出坯、切条，均在机器上进行。面粉 10 千克，清水 2.8 千克 ~3 千克，碱量同手工面。机制面条的宽窄、厚薄，根据需要在滚筒面刀上加以调整。

二、其他手工面

1. 金丝面

金丝面在四川是很驰名的，以新都、乐山等地的质量为好。面丝细如头发，擀制好后，面丝可用火柴点燃烧尽，说明金丝面质地优异，水分少，干燥，煮熟后利爽。当天吃不完，第二天可以放入开水中煮热，吃起来口味、质量仍保持原味不变。用特制面粉 1 千克，鸡蛋黄 10 个，不用水，不加碱。和面、揉面、擀面、切面等工序均与手工面相同。制成的面条颜色黄，刀工精，面丝细，故取名金丝面。

2. 银丝面

银丝面采用特制面粉 1 千克，蛋清 10 个，不用水，不加碱，调制均匀，揉搓成面团，经擀皮、折叠、切成面条。其颜色雪白，面丝如发，故名银丝面。

3. 青菠面

在特制面粉中，加菠菜汁、鸡蛋清调制成面团，不用水，不加碱，面团的颜色成淡绿。作法是面粉 10 千克，加菠菜汁1千克左右，鸡蛋清10个混合均匀。擀面的方法与手工面相同，面条粗细均可。

第二节　面汤和面臊的制作方法

一、面汤的制作方法

1. 一般面汤的制作方法

原料：常用猪蹄、猪肘、猪棒子骨为主要原料。将各料洗净后，去净残毛，入锅内掺水，用旺火烧开，打净泡沫，加姜、葱、胡椒、绍酒等，煮至色白，蹄肘熟，汤鲜香。此汤可用于大众化的面条汤，如小面、肉丝面、猪肝面等。

2. 鸡汤面汤制作方法

将整只鸡洗净，去净残毛后，用整只鸡或将鸡砍成块，入鼎锅或炒锅，掺足水，先用旺火烧开，打净泡沫，加姜、葱、绍酒后改为小火，炖熟，汤色清澈，汤面有油珠层，鸡味鲜香浓郁。常用于中、高级面汤，如金丝面、银丝面，青菠面、鸡丝面、鸡汤面等。

3. 鱼汤面汤制作方法

选用鲜鱼或大鱼头，用急火烧煮成汤，汤色洁白，有特殊的鲜香味，滤净鱼骨和刺，用时再加调料，常用于鱼汤面、鱼汤火锅等。

4. 高级面汤制作方法

选用老母鸡、鸭各一只，火腿棒子骨一根，排骨1千克。先放入沸水中焯一水，除去血腥味后，将火腿棒子骨放于锅底，再放排骨、鸡、鸭，掺上清水，旺火烧开，打净浮沫，加姜（拍破）、葱（挽结）、料酒，改用小火，使汤微沸不腾，熬至汤出鲜味时，加盐、胡椒粉，烧沸。另将100克～200克鸡脯肉和猪净瘦肉分别制成“红茸”“白茸”，先将“红茸”放入汤锅内扫一次汤，待“红茸”凝聚时，用漏瓢去掉杂质；再用“白茸”扫一次汤，取出“白茸”用净布包扎好投入锅内吊汤，即成汤清、味鲜的高级面汤，又称特制清汤（详见《川菜烹调技术》下册，附录一）。特制清汤是常用于筵席上的面汤，如海味面、特制三鲜面、三大菌面、金丝面、银丝面、口蘑面等。

二、面臊的种类和制作方法

面臊，一般分为汤面臊、干捞面臊和炒面臊三大类。

1. 汤面臊

汤面臊是将原料经过加工烹制，加入调味料和适当汤汁制成各种不同的面臊。例如，宋嫂面浇上鱼羹臊子，则取名为宋嫂鱼羹面；浇上牛肉臊子，即牛肉臊子面等。汤面臊子很多，各有风味特色，如海味面就有20多种，三鲜面的品种也很多，现举几例如下。

（1）稀卤面臊　将肥瘦肉切成筷子头大的丁，水发木耳、笋子、黄花、海带，并蒸熟切成丁，将鸡蛋调散搅匀。锅置中火上烧热，下熟猪油，烧至七成油温，加入肥瘦肉炒至散籽发白时，放入笋子、木耳、黄花、海带，再翻炒几下，加胡椒、酱油、绍酒等炒上色入味后，掺入好汤。烧开后打净泡沫，加精盐，用湿淀粉勾成不浓不稀的芡汁，倒入鸡蛋浆，用铁瓢来回推动几下，待蛋浆熟后起锅即成。

（2）猪肝面臊　选用新鲜猪肝洗净，切成薄片，加精盐、淀粉拌匀。葱、木耳、鲜菜心洗净，滤干水分。炒锅置中火上，放入熟猪油，烧至七成油温，下猪肝片炒散籽，加精盐、酱油、木耳、葱等炒香即成。胡椒粉、味精放入面碗，加鲜汤汁，捞面条时，将鲜菜心入沸水焯一水，放在面条上，再浇上肝片，猪肝面臊即成。

（3）炖鸡面臊　将肥母鸡洗净，去净残毛，骨渣，用净肉1千克，砍成约0.3厘米宽、3.5厘米长条，入炖锅内，加清水2.5千克烧开，打净泡沫，加姜、葱、保持锅内微开，炖[火巴]后，成为鸡肉和鸡汁面臊，加入调味料，淋在面条上即成。

2. 干捞面臊

干捞面不用汤或少用汤，碗内放入调味料，捞入面条，用竹筷调拌均匀即成。常见的有干捞牛肉面、素椒炸酱面、脆臊面等。

3. 炒面

炒面是经过油炸熟的面条或者蒸煮熟的面条，再入热油锅内烩炒。将炒锅置中火上，加油烧至五成油温，放调味料，面臊炒至刚断生，再加炒面炒入味即可。炒面又分为油炒、软炒两种。

油炒面，将面条入沸水锅中煮熟，捞出摊案板上，淋熟菜油，用竹筷抖散，防止粘连，按量分好，装入盘内，再倒入油锅内炸酥捞起。掺清汤或好汤入锅，加入炸过的面条，烧软，用漏瓢捞入盘内，加上先已炒熟的面臊，锅内汁水勾成二流芡，淋在面条上即成。

软炒面，将面条煮好，用另一铁锅，置中火上，放入熟猪油，烧至五成油温，加面臊炒断生时，再加胡椒粉、味精、面条、时令鲜菜、炒至水分收干时即成。如蛋炒面、肉丝炒面、什锦炒面、火腿炒面等。

复习题

一、问答题

1. 手工面条有几种？试述其中一种面条的制作方法。

2. 试述一年四季调制手工面时碱和水的用量。

3. 简述一般面汤的制法。

4. 你能学会制作哪几种面臊？

二、填充题

1. 擀制金丝面和银丝面，都不____，不______，金丝面用____和面，银丝面则只用____和面。它们的共同特点是面丝____，可用火柴____。

2. 汤面臊的品种很多，如____、____、____、____等____。干捞面臊常见的有______、______、______。

第六章　制馅

第一节　馅的特点及其作用

一、馅的特点

1．馅的种类

面点馅分为咸馅和甜馅两大类，咸馅又分为肉馅、菜馅、荤素馅；甜馅又分为白糖馅、水晶馅、枣泥馅、果仁馅、芝麻馅等。此外还有咸甜味馅和经过面点技师的创新而制出各地独具风味特色的馅品种。

2．馅的用料

馅的原料选择十分讲究，无论肉类、鱼类、蔬菜类、糖类、蜜饯，以及调品味等均须选用质量优良的材料。要求有熟练的刀工技术，精细加工，调配适当，调味准确，掌握好火候，使成形的制品美观大方。

3. 馅的调味

馅料要求咸、甜适当，味道清香，淡雅爽口。每种馅料都要根据不同的成品，突出馅的特点。咸味过浓会压制其他调味料的作用；甜味过浓，会使人发腻。面点一般要求皮薄，馅饱满。品味以馅为主，所以制作馅很重要，既要注意味调好又要注意消费者的口味爱好，无论是制作生馅或熟馅都应如此，让人们品尝后，感到清香淡雅口感好。

二、馅的作用

馅是决定面点制品口味质量和花色品种的重要条件。其作用有两点：

1. 决定面点的花色品种

面点的花色品种，除决定于面料及其制作工艺外，在很大程度上又决定于馅的内容。例如馅为糖的包子为糖包子，馅为肉的包子为肉包子。

2. 体现面点的口味质量

馅是面点制作的核心部分。一般来说，馅占点心总重量的50% ~55%，有的品种占60% ~80%。如玻璃烧卖、春卷、锅贴饺子等，馅都多于面料。总之，馅的味道，是面点制品质量的决定性因素。要求馅心嫩、鲜、香，使消费者极感适口，如红油水饺、赖汤圆、九园包子、蛋烘糕等，都具有这些特点。

第二节　咸馅制作

一、选料和加工

咸馅原料主要分为：肉馅、素馅和菜肉馅三种。荤料主要选用猪肉、牛肉、羊肉、鸡肉、鸭肉、虾米、火腿等；素料选用时令新鲜蔬菜以及冬菜、芽菜、蘑菇、笋片、豆类制品等。选料以质地细嫩和新鲜的为上品。认真选料之后，进行初加工和精加工。如肉类先去骨、去皮，按部位下料，洗净；各种蔬菜选好洗净；干货、干菜分别涨发和整理洗净。若原、辅料中，带有不良的苦味、涩味、腥味，要经过热处理去掉。如牛肉，质地较老，纤维粗，应加适量小苏打浸渍；羊肉腥膻味重，洗净血水，入沸水中焯一水，再放入冷水中漂洗。根据面点品种对馅料的要求，采用不同的方法进行加工。但应注意几点：

(1) 认真选料　猪肉制馅料，一般都选用猪前夹缝肉，肉质较嫩，筋短而少，肥瘦相连，瘦肉中夹有肥肉，吃水性较强，适合于做馅料的要求。

(2) 加工刀法　馅要根据制成品要求进行加工。刀法采用切、剁两种。将生肉洗净切成片，再切成丝，剁成碎粒或茸泥。剁肉时两手各持一把刀，轻重均匀。有的将肥肉与瘦肉分别剁，肥肉剁粗一些，瘦肉细一些，然后肥瘦肉混合在一起和匀。一般是肥肉占 40%，瘦肉占 60%，或肥瘦肉各占 1/2。

(3) *正确使用调味品*　要求咸鲜适口，掌握好食盐、酱油等的用量，视季节和气候条件的不同而定。如夏天宜清淡，冬天咸味稍重。姜、葱、蒜、味精、料酒、胡椒等，按品种的实际需要为准。

(4) *准确掌握馅料的用水量*　将肉剁细或用绞肉机绞细，肉馅均会成团，粘连在一起，若要馅料松嫩带汁，必须加水或加汤汁调散。水或汤汁的用量，根据肉质肥瘦情况而定，如抄手馅用水大于包子的用水量；新鲜猪肉馅，用水量多一些，冻肉馅用水量少一些。一般地讲，1千克鲜猪肉用水量约0.50千克，可酌情调制，灵活掌握。

二、咸馅制作方法

咸馅用料广泛，取料方便，种类较多，是制作中最普遍的一种馅。肉馅有生熟之分，生肉馅是肉末加汤汁和调味品调制而成，要求质地细嫩，味道鲜香，略带汁液；熟肉馅是熟肉末加汤汁和调味品调制而成，要求味鲜，散籽，爽口，汁少。素馅是选用水分少而带有清香味的蔬菜，切碎后加调味品制成。如韭菜、白菜、葱等。熟菜馅多用干菜类如冬菜、芽菜、玉兰片、粉条、豆制品等；荤素馅是由蔬菜和肉类混合调制而成的。

现介绍下面几种咸馅肉的制法。

(1) *皮冻馅*　在肉馅内加入一部分皮冻，使馅心具有卤汁。其作用是：皮冻浓稠，便于捏合，成熟快，质嫩味鲜可口。皮冻加多少，根据馅心要求而定。皮冻的制作，是将猪皮残毛除去洗净后，放入锅内加水，置于大火上煮炟，用绞肉机将皮绞成茸泥或用刀剁细放入原汤汁锅内，加姜、葱、酒，再用小火熬，撇去油沫，成糊状时放盆内冷却成冻。可制汤包或其他包子的馅料。

（2）熟肉馅　将猪肉洗净，经煮制，加姜、葱、酒、去浮沫，煮熟切碎加调味拌制而成。

（3）生肉馅　是将肉剁碎、加调味料即成。

（4）牛肉馅　选用牛肉的腰板肉，颈肉等，取纤维短、质嫩的，去净肥筋，先切成片和丝，再将丝切成碎粒。牛肉有膻味，可加花椒、葱、姜汁除去异味。如制牛肉焦饼，每百个馅心的用料：牛肉 2.5 千克、熟菜油 2.5 千克、香油 25 克、纯碱 15 克、胡辣椒 25 克、味精 12 克、食盐 25 克、葱 250 克。将牛肉剁碎，加食盐、花椒面、味精、糊辣椒剁碎、葱粒、香油拌匀即成馅心。

（5）羊肉馅　羊肉 4 千克、花椒 25 克、熟菜油 750 克、姜米 25 克、白酱油 150 克、郫县豆瓣 400 克、胡椒粉 10 克、味精 12 克。将羊肉剁成碎颗粒，花椒捣成细末，豆瓣剁细。炒锅置旺火上，加油，烧至八成油温，放入羊肉炒酥，下豆瓣、姜、酱油翻炒均匀，起锅入盆，加花椒面、味精拌匀，可作羊肉包子馅料。羊肉膻气虽重，调味得当，仍是佳品。

（6）鸡肉馅　选用质地细嫩的仔鸡胸脯肉，可配以韭菜，蘑菇，冬菇，鲜菜心。鸡肉和配料分别剁成细粒，加调味品拌制成馅心，也可制作高级的名小吃，如清汤抄手、小笼包子的馅心均可。

（7）三鲜馅　三鲜馅选料加工均比较精细，要求突出鲜味特色，如三鲜锅贴、三鲜包子、三鲜面、海味三鲜等。其配制的方法较多，鸡肉、鱼肉、火腿、金钩、海参、玉兰片、香菇等，均可作馅料。如一般的三鲜包子，选用肥瘦肉 3.5 千克、香菇 200 克、水发玉兰片 500 克、酱油 100 克、食盐 25 克、胡椒粉 10 克、料酒 50 克、味精 15 克、浓鸡汁 500 克，即可制成馅。其制作方法是：将猪肉洗净后，煮熟，切成豆大的颗粒，香菇洗净切碎，放入沸水焯一两分钟，将玉兰片切成豆大的颗粒，入沸水中焯一水。再将猪肉、香菇、玉兰片加入酱油、食盐、胡椒粉、料酒、味精、鸡汁调匀即可成馅。其他肉馅心，如冬菜肉馅、韭菜肉馅、四季豆肉馅、白萝卜肉馅等，其制作方法均大同小异。

第三节　甜馅制作

一、选料和加工

首先要认真选料，包括各种糖、豆类、干果、鲜果、蜜饯、油脂，以及原、辅料的质量、色泽、规格都要精心选择。在配制时，应采用不同的加工方法，如有的需要经过蒸、煮、去皮、去渣、去核；有的需要经过油炒、油炸后穿糖衣或制成碎粒；有的必须将原料用水浸泡后再油炸剁碎、剁茸等加工处理。

二、甜馅的制作方法

甜馅制作分为三种：即糖馅、泥茸馅、果仁蜜馅等。现分述如下。

（1）糖馅　一般用糖与熟面粉拌制。拌糖馅时要用力揉搓，使糖馅上劲均匀成坨，若糖馅较干燥，可以加水或加油调剂。为了增加花色品种和风味特色，在糖和熟面粉的基础上，加入熟猪油，称为白糖猪油馅；加冰糖，称为水晶馅；加芝麻，称为白糖芝麻馅。此外还有玫瑰馅，桂花馅等。现将各种糖馅心介绍如下。

①白糖馅　白糖500克，熟面粉100克，熟猪油150克，先将白糖倒于案板上，再加熟面粉、熟猪油，用力揉匀即可。

②水晶馅　冰糖1千克，白糖2.5千克，猪板油1千克，熟面粉500克，将猪板油洗净入沸水中焯一水，捞出去净油皮，晾冷，切成绿豆大的粒，冰糖砸碎成小颗粒，再加白糖，熟面粉调拌均匀即成。

③芝麻馅　芝麻200克，白糖500克，熟猪油150克，熟面粉100克（夏天用130克左右，防油熔化），芝麻炒熟压成碎粉。如果干燥，适当加冷开水调拌均匀即成。

④玫瑰馅　白糖1.5千克，熟猪油150克，熟面粉250克，蜜玫瑰100克，切成碎粒，加入熟猪油，熟面粉混合均匀即成。

（2）泥茸馅　泥茸馅以植物的果实或种子为主要原料，经过煮、蒸制成泥茸，再经过油、糖炒制，拌和均匀即成泥茸甜馅。常用的有豆沙、枣泥、莲子泥茸等。其特点是馅料细软爽口，突出了不同果实的风味。

①豆沙馅　豆沙馅又称为洗沙馅。绿豆1千克、白糖或红糖0.9千克、油400克。将绿豆用开水烫泡后去皮，

晾干磨粉，蒸熟，加红糖（熬化）和熟菜油（或猪油）揉均匀即成。也有不加油（不另加油），先将锅洗净，下油，加热，加入糖熔化，倒入豆沙再炒干，使油、糖、豆沙融为一体，起锅即成。但要防止炒煳，影响口味和香气。

②枣泥馅　将红枣拍破用冷水或温水浸泡松软，去枣皮和核，再入笼蒸熟，晾冷制成茸泥，加白糖，熟猪油调匀揉成馅。有的将油入锅加热放入白糖，熬化，倒入枣泥同炒，炒至枣泥酥香时起锅。1 千克枣泥，用白糖或红糖 500 克～600 克。按品种需要，可分别选用熟猪油，香油或菜油 150 克～250 克。其他泥茸馅，加工、制作的方法基本相似，如莲子泥茸馅，蚕豆泥茸馅等。

（3）果仁蜜馅　各种干果仁（核桃仁、花生仁、松子仁、瓜子仁、甜杏仁、芝麻仁、白果仁等）、蜜饯（蜜樱桃、蜜天冬、蜜橘饼、蜜玫瑰、蜜桂花、蜜桃脯、蜜枣、蜜瓜砖等）均可制馅。果仁炒熟，与蜜饯切成细粒，加上白糖调和均匀即成。果仁与蜜饯配合，松散香甜，能突出特有的香气和风味。

（4）八宝馅　百合 25 克、核桃仁 25 克、莲米 25 克、芡实 25 克、苡仁 25 克、红枣 20 克、扁豆 25 克、瓜圆 25 克、白糖 200 克、熟猪油 50 克。将各种果仁炒熟，磨成粉或用刀剁成碎颗粒，加白糖，熟猪油调制而成。

（5）什锦馅　绿豆 500 克、熟火腿 150 克、叉烧肉 150 克、虾米 50 克、莲子 100 克、苡仁 50 克、百合 50 克、冬菇 100 克、盐蛋黄 10 个、鸡油 150 克。绿豆泡涨去皮，压成细粉粒，火腿、叉烧肉、虾米切成碎颗粒，冬菇切成小片，莲子、苡仁、百合压成粉与绿豆、冬菇蒸熟，加白糖，调和制成馅。也可制作咸甜味的什锦小包、什锦汤圆、什锦粽子。制作甜咸味，其中白糖、盐，可根据需要增减。

复习题

一、问答题

1. 面点的馅有何特点？馅在面点中有什么作用？

2. 怎样制作猪肉馅？简述从选料到制成馅的过程。

3. 怎样制作皮冻？皮冻在馅中有什么用处？

4. 常用来制作甜馅的果仁、蜜饯有哪些？

二、填充题

1. 馅是面点小吃的__________部分，一般来说，馅占点心总重量的__________，有的品种占__________，如__________、__________、__________等，馅多于面料。

2. 调制咸馅料，若要馅料松嫩带汁，必须__________调散，__________的用量，一般地讲，1千克猪肉，__________约0.50__________。但要根据不同品种、不同肉质__________。

3. 制作豆沙馅，用绿豆__________，__________0.9千克，熟菜油（或猪油）__________。

第七章 面点的成型与成熟

第一节 面点成型的基本方法

面点成型，是技术性、艺术性较强的工作，在很大程度上决定川点的花色品种。其基本方法有：揉、包、卷、摊、捏、滚粘等，有的品种可用模具成型。现分述如下。

一、揉搓

揉搓，面点制作的基本操作之一，是用两手将面团糅合均匀的动作。要求将面团揉均、揉紧、揉光待用。

二、包

包，将擀制或压过的面皮，放入馅心包制成型的一种方法。如包子、汤圆、烧卖、饺子、抄手、馅饼等。不同的品种，具体包法也不同。如烧卖，左手托面皮，右手上馅于面皮中心，左手五指将面皮四周朝上，卷拢包住馅料，并将馅料稍挤拢捏紧，顶端不得卷皮封口，要露出馅心，同时面皮周围呈不规则的花边形。又如抄手，将抄手皮放左手上，用竹片把馅料挑入面皮中心一抹，朝内攥紧，另一端蘸水，向前拉拢粘紧，中间形似塔状，两端面皮向上微翘，形如飞蛾。

三、卷

卷，将擀好的面皮，按品种的需要，抹上油或馅，用手卷叠成有规则的形状，再用刀切成块。如花卷、蛋卷、千层卷、白糖酥卷、春卷、蝴蝶卷、四喜卷等。

卷又分为单卷、双卷两种。

单卷，将面擀成薄片，抹油后，从一头向另一头卷成圆筒，下剂，用筷子从当中顺纹路一按稍推，左手把花卷立起来，使其底部略窝一些；上边用左手食指往下一按，使上部略凹陷；再用筷子一按稍推，即制成脑花形的卷。如用双手执剂子两头，使左右层次的边稍往上一翘，一手向外，一手向里，对拧一下，即成麻花卷。从剂子中间拉一刀口，拿住一头穿过刀口，翻过来略抻一下，就成单套环花卷；如从两头翻起，一头往上翻，一头往下翻，即成双套花卷。

双卷，将面擀成薄片抹油后，两头向中间对卷，卷到中心为止，两边要卷得平衡，成为双卷条，接着双手从中间向两头捋条，使双卷靠得更紧一些（不走形），再将扑粉撒入条间缝隙中，翻个面，条缝向下，再用双手捋捋条，达到粗细均匀后，切成剂子；用筷子顺纹一按，稍推拉一下，使层次分开。双手拿住两头，用右手中指从两个卷纹中间一顶，两边对齐，即成为虎头花卷。

四、按

按，又称“压”、“揿”，就是将包好馅的面点的生坯，用双手掌配合按扁压圆成型。适用于包馅品种，如火腿洋芋饼，荸荠枣泥饼等。按的基本方法，一般用手掌按，按扁、按成圆形。另一种用食指、中指、无名指并排，用力均匀，揿压成饼。

五、擀

擀，用擀面杖将面团压平的一种操作方法。大多数面点成型前都要经过擀的工序，这是皮、饼类的主要成型方法。如擀圆形饼时，注意向外推擀，将坯料不断地转动，使前后左右，受力均匀一致。推拉成长椭圆后，要横过来擀圆；再回过去擀成长椭圆形，最后用面杖再擀成圆形，厚薄均匀一致。如家常油饼、葱花油饼、白糖锅盔等。

六、摊

摊，在热锅内刷上少许油，将面团摊成很薄的皮，并直接炕熟的一种操作方法。要求选用筋力强的优质面粉，揉制成稀软面团后，右手五指张开，不断翻搅，直至搅匀搅透，制成筋力很强的面团时，再摊皮。摊皮，要选用平锅，刷洗清洁，抹少许油，火力恰当。一手托稀软面团不停地转动，又要不掉下；摊皮时，迅速将稀软面团贴着平锅转，贴一圈后提起，既快又准，平锅里即出现厚薄均匀、大小一致、不粘锅、不出现砂眼、无裂口的面皮。如春卷皮、蛋皮、饼皮等。

七、捏

捏，在包和卷的基础上配合进行的综合性的操作，能捏出各种花样。捏有两种技法。

（1）*一般捏法*　将馅心放在面皮中心，用手将皮子边缘合在一起，再用食指和拇指捏紧。如水饺，左手托皮，右手持竹片挑馅心入皮中，将皮对折合拢，将皮边捏紧。双手捏时，要用力均匀，要求包严、捏紧，腹部饱满，边小，成型美观大方。

（2）*花式捏法*　将馅心放于面皮中心后，皮合拢，先捏出轮廓，然后用右手拇指、食指，以扭捏、挤捏、推捏、叠捏、折捏等花式捏法，捏出各种形状的花纹或花边式样。如折捏手法制作的鸳鸯饺；叠捏手法制作的四喜饺；折叠推捏手法制作的16道~22道有花纹的包子等。

现以制作蝴蝶饺为例：将面剂擀成圆皮，馅心包入皮内，用手将四周面皮向上折拢，捏成两只大角，两只小角；在两只大角之间，留一个小洞，两只大角上用剪刀剪出蝴蝶须，再将一只大角和一只小角侧面向上叠捏起来；另一只大角和另一只小角也叠捏起来，即成为蝴蝶饺。

八、叠

叠，将面皮折叠成多层次的一种操作技术。其折叠层次和手法不尽相同，有的品种折叠的层次少，有的折叠层次多；有的折叠较简单，有的则比较复杂。常用于荷叶卷、千层馒头、层层酥、凤尾酥等。以层层酥为例，将水油面剂按成圆皮，再将油酥面剂包入水油面内按扁，用小擀面杖擀成牛舌形，由外向里裹成筒形，将圆筒形的条，按平擀长；顺长度以三等分并均匀地折叠成三层；按扁，将馅心包入中心捏拢，封口向下，再按成约 1.5 厘米厚即成。

九、切

切，用刀具，将面坯切割成型的一种操作技术，分为手工切面和机器切面两种。机器切面，劳动强度小，产量高，能保持一定的质量，整齐一致；手工切面，要求具有较高的操作技能，特别是金丝面、银丝面等，对刀工的要求极高，须切成如头发细的丝条。

十、削

削，用刀直接削制面条成型的一种技术。如刀削面的制作：面粉和好后，将面团用湿纱布盖上 30 分钟，使面团的粉粒润透，再揉成长方形面团，左手掌将面团托在胸前，右手持面刀，手腕用力，灵活有劲，眼看着刀，刀对准面，一刀接一刀地向前推削，削下的面条片，直接入煮锅内，削至够分量时为止。煮熟后，捞出放入加有调味品的碗内即成。削，是一种高超的技艺，必须掌握要领：刀口与面团基本保持平行，削出的面条片长短、宽窄要大体一致，要求呈三菱形。

十一、拉

拉，将面团用两手抻、拉的基本技术，经反复抻拉后即可成为面条，称为抻条面或拉面。拉面的技术性很强，难度也较大，不易掌握。面粉要求质量好，筋力大。一般用面粉2.5千克，水1.25千克，精盐10克，白碱约10克。将面粉、水和盐拌匀，揉制成面团，用湿纱布盖上，经30分钟至1小时后面团内的面粉粒润透，不存在粉粒、疙瘩（这样，才不易断条）时，再用手掌反复揉搓，揉至上劲有韧性，用刀切一块面块，搓成约70厘米长的条，左右手各握住一端，将粗条提起，两脚叉开，两臂端平，运用两臂的力量与面条本身的重量，利用其上下抖动的惯性，将面条上下翻动。拉开时，要求达到两臂不能再扩张的程度为宜。要使粗条变长，下落接近桌面，双手迅速交叉使面条两端合拢，自然拧成麻花状，即成两股绳状，称为“溜条”。所谓“溜条”，就是双手迅速交叉并条（双股绳状），然后右手拿住另一头，再抻拉开。溜时，如感到面的筋力不足时，要抹些碱水增劲，筋力不足，容易断条。要反正搅劲，不能朝一个方向，要一前一后或一左一右地交叉进行。溜条的目的，是要求达到顺劲，绵软有韧性。如此反复抻拉翻动，经过多次“溜条”，制作成粗细均匀，柔滑有筋力的一缕缕丝状面条。

将溜好的条，放于案板，撒上干面粉，用双手按住条的两头对搓。上劲后，一手拿住条头向里，一手向外，由中间折转起来，将两个面头按在一起，用左手握住，右手掌心向下，中指勾住面条中间的折转处；左手掌心向上，中指勾住面条相并的两头，再用双手向相反方向轻轻一绞，使面条呈两股绳状，然后向外一拉，待条拉长后，把条晾开，右手面头倒入左手，再以右手中指插入折转处，向外抻拉。如此进行，面条由 2 根变成 4 根，由 4 根变成 8 根……最后成为直径 0. 3 厘米左右，长约 260 厘米韧性更强，粗细均匀的面条。

十二、滚粘

滚粘是运用一种甜馅心，蘸点水后，放入簸箕，撒上粉末，不断滚动形成的半成品的操作方法。如制干糯米粉汤圆，将馅心切成小方块，洒上些水分润湿，放入盛有干糯米粉的簸箕中，用手不断摇动，馅心在干粉中来回滚动，使之粘上干粉，然后再洒些水，继续摇动粘粉。经过反复几次，即成干粉汤圆（元宵）的半成品（生坯）。

此外在制作某些面点时，可利用各种不同质地和不同形状的模具使之成形，模具具有多种图案花纹，使用方便，美观大方，规格一致，保证了形态的规范化。常见的模具有桃形、金鱼形、梅花形等，另外还有嫦娥、蝴蝶和名胜古迹等图纹。半成品经过烙、烤、烘后，使之成熟，也有熟料直接压模成型的糕点。

第二节　面点的品种及成型成熟

一、蒸

馒　头

主料　面粉　5000 克

辅料　酵面　500 克　　小苏打　50 克

清水　2500 克

制法

将面粉倒于案板上，加入用清水遏散的酵面液汁和匀，揉成面团，达到表面光滑后，用纱布盖住面团发酵，发好后，再加入小苏打，反复揉匀，用湿纱布盖住饧 20 分钟左右，搓成粗细均匀的圆条，条口向下（搓时要撒上一些扑粉），右手持刀，从左到右均匀地切成 50 克一个的面剂，放入刷油蒸笼内（要留适当的间隔距离），蒸上 20 分钟，熟透即成。

特点　疏松泡嫩，色白味香。

注意事项　一年四季气温湿度变化很大，应掌握好和面的用水量和水温。气温高时宜用冷水，气温低时宜用温热水。面团发酵时，要注意气温的高低，特别是冬季要保持 28℃以上，使面团正常发酵。出条时，条口向下，扑粉不宜撒得过多。

千层馒头

主料　发面　1000 克

辅料　干面粉　150 克　　白糖　100 克

制法

取发面扎好碱，加白糖揉匀，搓成圆长条，切成 40 克的面剂，每个面剂加干面粉 16 克左右，顺一方向揉四五十下，做成 5 厘米高的馒头，放在案板上，圆顶向上，饧 20 分钟，入笼蒸约 20 分钟，取出即成。

特点　色白，发亮，馒头内起层，是筵席面点。

注意事项　用碱量要比一般的馒头量要多一点。千层馒头，又称高桩馒头、神童馒头。

虾米包子

主料　发面　1600 克

辅料　白糖　50 克　　熟猪油　50 克

小苏打　80 克

馅料　猪肥瘦肉　750 克　　虾米　35 克

味精　2 克　　胡椒粉　2 克

酱油　50 克　　香油　25 克

精盐　2 克　　绍酒　25 克

制法

(1) 先将发面加小苏打、白糖扎成正碱，饧 15 分钟后，搓成长条，揪成大小均匀的面剂，撒上少许扑粉待用。

（2）馅，将猪肉洗净去皮，煮熟，肥肉切成小颗粒，瘦肉用刀剁碎，虾米用开水发胀剁细。先将剁碎的瘦肉放入盆中加精盐、酱油、味精、胡椒粉、香油、绍酒，再用力搅匀后，加入熟猪肥膘肉粒再将剁细的虾米拌匀，即成虾米馅。

（3）一手持皮，一手放馅，提褶皱18个，包好，置蒸笼内，用旺火沸水蒸15分钟成熟。

特点　味鲜香，散籽，不腻。

注意事项　猪肉选用肥三瘦七的比例。发虾米的水不能倒掉，留作拌馅用。猪瘦肉应先加上调味料后，用力搅均匀。

附油包子

主料	发面	1000克	饴糖	30克
辅料	白糖	500克	猪油	30克
	小苏打	10克		
馅料	白糖	750克	猪板油	400克
	面粉	150克		

制法

（1）面皮坯的揉制方法与前述包子同。

（2）将猪板油撕去油皮，洗净搌干水分，切成黄豆大的颗粒，与白糖、面粉反复揉搓均匀即成附油馅。

特点　色白松泡，甜香可口，油而不腻。

注意事项　猪板油去净油皮，切成黄豆大的颗粒反复揉搓。这种馅不宜存放过久，夏天存放的时间更短。

甜 包 子

主料	特级面粉	1000 克		
辅料	酵面	150 克	小苏打	8 克
	白糖	50 克	熟猪油	75 克
	温水	550 克		
馅料	白糖	500 克	玫瑰	50 克
	熟猪油	150 克	炒面粉	150 克

制法

（1）将面团揉好后，用湿纱布盖上发酵，大约 2 小时后，加入白糖、熟猪油、小苏打反复揉匀。再盖上湿纱布 20 分钟后搓揉成长条，切成大小均匀的面剂待用。

（2）白糖与面粉和匀。玫瑰用刀剁几下，加入少量熟猪油澧散，加入和匀的白糖中，再下熟猪油，反复在案板上“揉搓匀”，使白糖与熟猪油融为一体即成甜馅心。

（3）将切好的面剂，逐个用手掌按成直径 6.5 厘米，中间厚、边缘稍薄的圆面皮，放于掌心，另一手将馅心放于圆皮中间，再用拇指、食指和中指将面皮包裹馅心，并沿边捏 18 个～19 个细皱纹，将包子口封牢（形状像雀笼），放入刷好油的蒸笼里，每个包子间隔一指宽，将蒸笼置旺火沸水锅上，加盖蒸 15 分钟即熟。

特点 色白泡嫩，玫瑰芳香，味甜宜人。

注意事项 糖包子馅加适当的面粉或其他原料。蒸制糖馅包子，时间不宜蒸得过久。糖包子的封口要牢，防止漏馅，影响外形。

鲜肉包子

主料	面粉	5000 克		
辅料	酵面	500 克	小苏打	50 克
	清水	3000 克		
馅料	猪前夹心肉	4000 克	味精	6 克
	胡椒粉	2 克	酱油	150 克
	绍酒	50 克	冷鸡汤	750 克
	精盐	25 克		

制法

（1）面剂、圆皮、包馅与甜包子同。

（2）将猪肉洗净去皮，剁成小颗粒，放入盆中，加味精、胡椒粉、酱油、绍酒、精盐搅匀，使肉与调料和匀，再将冷鸡汤分三次加完，每加一次汤搅拌一次，使馅与鸡汤融为一体，即成鲜肉馅心。

（3）用手持皮放馅，提褶包 18 个，置蒸笼内，用旺火沸水蒸 15 分钟成熟。

特点 味道鲜美、汁多、皮薄、馅嫩。

注意事项 选用猪肉的前夹心肉。放入馅的鸡汤要冷却后，分次加完。按面皮不宜过大，扑粉多的一面作里（指放馅心的一面）。

鲜菜包子

主料	面粉	5000 克

辅料	酵面	500 克	小苏打	50 克
	清水	3000 克		
馅料	莲花白	5000 克	芽菜	1000 克
	葱花	1000 克	熟猪油	1000 克
	水发笋子	1000 克	香油	150 克
	胡椒粉	15 克	味精	15 克
	精盐	35 克	酱油	150 克

制法

（1）和面、揉面团、包馅与鲜肉包子同。

（2）将莲花白淘洗干净，入开水中焯一水，捞出用冷水漂凉，滤去水分用刀剁细，然后再用纱布包上压干水分抖散待用。芽菜淘洗干净剁细，水发笋子切成小颗粒，放入开水锅焯一水，捞出滤干水分，再将各种原料拌匀即成馅。

（3）用手持皮放馅，提褶包 18 个，置蒸笼内，用旺火沸水蒸 15 分钟成熟。

特点 色白松泡，鲜香可口。

注意事项 选用鲜嫩的莲花白，水发笋子去质老部分，入开水中焯一水。包子面团不要过硬或过软，皱纹要捏均匀。蒸包子要火旺水沸，包子相距一指宽。

三鲜包子

主料	面粉	5000 克		
辅料	酵面	500 克	苏打	50 克
	清水	3000 克		

馅料	猪肥瘦肉	3500克	香菌	200克
	水发玉兰片	500克	酱油	100克
	精盐	25克	胡椒粉	10克
	绍酒	50克	味精	10克
	浓鸡汁冻	500克		

制法

（1）和面、揉面团、包馅与鲜菜包子同。

（2）将猪肉去皮洗净煮熟，切成绿豆大的颗粒，玉兰片、香菌洗净涨发（原汁留用），切成小颗粒，入开水中焯一水捞起。将猪肉、玉兰片、香菌的颗粒搅转，加精盐、酱油、胡椒粉、绍酒、味精、鸡汁冻调拌均匀即成馅。

（3）用手持皮放馅，提褶包18个，置蒸笼内，用旺火沸水蒸15分钟成熟。

特点 泡嫩爽口，清香味美。

注意事项 猪肉选用肥肉四、瘦肉六的比例。发面面剂要求大小均匀。

破酥包子

主料	发面	750克	干面粉	100克
馅料	猪肥瘦肉	500克	化猪油	130克
	虾米	25克	水发香菌	50克
	酱油	10克	水发玉兰片	50克
	精盐	5克	胡椒粉	1克
	味精	1克	绍酒	15克

制法

将发面扎成正碱后揉匀，用湿布盖上饧 10 多分钟。另将面粉 100 克加入化猪油 80 克揉搓成油酥面团。将饧好的发面，揉搓成圆坯条，揪成约 30 克重的发面剂；再将油酥面分为与发面剂同等数量的剂子。将油酥剂逐个包入发面剂中，用手掌压扁成“牛舌形”，由外向里卷成圆筒，稍压扁，再由左右两侧向中间折叠成三层，再擀成圆皮，包上调制好的馅，捏成有 10 多个皱折的细花纹包子，上笼用沸水旺火蒸 15 分钟即成。

特点　包子泡嫩，皮起层，味咸鲜可口。

注意事项　包子皮要起层。馅甜咸均可，蒸时旺火。

九园包子

皮料	面粉	1000 克	老酵面	60 克
	饴糖	30 克	白糖	60 克
	鲜牛奶	100 克	水	约 400 克
咸馅料	猪肥肉	500 克	熟猪油	75 克
	熟火腿	30 克	虾米	15 克
	猪瘦肉	50 克	冬笋	50 克
	酱油	25 克	香油	25 克
	味精	2.5 克	胡椒粉	5 克
	绍酒	50 克	小苏打	3.5 克
	葱花	10 克	黄葱	25 克
	甜酱	30 克	白糖	15 克
甜馅料	蜜枣	50 克	猪板油	80 克

冰糖	40 克	蜜玫瑰	15 克
蜜樱桃	60 克	核桃仁	50 克
蜜瓜条	60 克	芝麻	20 克
橘饼	50 克	白糖	300 克
熟面粉	50 克		

制法

（1）将面粉盛于盆内，加水、老酵面、饴糖、牛奶和匀，反复揉匀，制成发酵面。

（2）猪肥肉洗净，切成粗粒，虾米洗净，开水泡发，冬笋焯一水，切成小颗粒，火腿切成碎颗粒，瘦肉剁茸。

（3）锅置中火上，下油 50 克，烧至六成油温，加入猪肥肉炒至六成熟，放酱油、黄葱、甜酱和绍酒，炒至九成熟，下冬笋炒几下起锅，拣去黄葱，加瘦肉茸，白糖 15 克，味精、胡椒粉、香油、火腿、虾米和葱花等，调制成咸馅。

（4）甜馅，将蜜枣去核剁茸，猪板油去皮剁成颗，核桃仁炸酥剁成颗粒，芝麻炒酥碾碎，蜜饯剁碎，冰糖砸碎，再拌匀成馅。

（5）发面膨胀如棉，加白糖、小苏打揉匀，搓成条，揪成 20 个面剂，撒上扑粉，逐个按成中间厚，周边薄的皮圆坯，包入肉馅或甜馅，捏成包子。每个包子垫上一张菜叶或白纸入笼，旺火沸水蒸约 10 分钟即成。

特点 制作精细，皮薄馅多，松泡，咸、甜二味，鲜香爽口，化渣。

注意事项 面皮采用中等发酵面。猪肥肉，用保肋肉或五花肉。每份甜、咸各一个，两味配搭，更觉可口。

椒盐花卷

主料	面粉	1000 克		
辅料	酵面	100 克	小苏打	10 克
	开水	110 克		
调料	精盐(炒)	30 克	花椒面	5 克
	熟菜油	50 克		

制法

将加工好的发面面团擀成厚约 1.7 厘米的正方形面皮，刷上熟菜油，撒上椒盐，从正前方向内裹完，搓成均匀的圆条，切成面剂，再用竹筷翻花或用手翻花，放入刷了熟菜油的蒸笼内，蒸约 20 分钟即成。

特点　松软泡嫩，咸香微麻。

注意事项　注意花卷翻花造型一致，椒盐撒均匀。

葱油花卷

主料	面粉	1000 克		
辅料	酵面	100 克	小苏打	10 克
	清水	550 克		
调料	椒盐	30 克	葱花	100 克
	熟菜油	50 克		

制法　与椒盐花卷制法同。

特点　松软泡嫩，鲜香味美。

注意事项　同椒盐花卷基本一致。

如意花卷

主料	面粉	1000 克		
辅料	酵面	100 克	食用桃红（少许）	
	小苏打	10 克	清水	550 克
调料	熟猪油	100 克	饴糖	25 克
	白糖	50 克		

制法

（1）将揉制好的发面团加入白糖、饴糖、熟猪油 50 克、小苏打反复揉匀，用纱布盖住饧 15 分钟，糖溶化后，待用。

（2）面团分成两部分，白色面团搓成大圆条按扁形。另外一部分加食用桃红的面团，搓成小圆条，置于按扁的白色面坯条上，轻按几下，撒上少许扑粉，用擀面杖擀成厚薄均匀，厚约 1 厘米、宽 23 厘米、长 40 厘米的面皮，再用刀切去周围边子，将油刷蘸熟猪油刷在面皮上（主要地方多刷油）；先将外侧的面皮用手向皮中间裹一转半，再将内侧的面皮向中间裹一转半，并蘸上少许清水将交接处粘牢，顺手将粘牢的长条翻一面，条口向下，将面坯条捏长，撒上少许扑粉，再用刀切成面剂，切时不要过宽，放入刷油的蒸笼内，刀口向上，蒸约 20 分钟即成。

特点 成形大方，颜色美观，松软泡嫩。

注意事项 食用桃红不宜过多，红色面团不宜太红。这类花卷，机关食堂适用。如用作席桌点心，要增加熟猪油、白糖用量，不用色素。裹面皮时，两边各卷一转半，用清水粘牢接口处。出条时，不能用手搓，要捏长。

玫瑰花卷

主料	面粉	1000 克		
辅料	酵面	100 克	小苏打	10 克
	清水	550 克	食用桃红	少许
调料	熟猪油	50 克	蜜玫瑰	50 克
	白糖	250 克	饴糖	30 克

制法

（1）将面粉倒在案板上，中间刨一个坑，酵母放入水中澥散，倒入面粉中，反复揉匀成面团，用纱布盖住面团待其发酵，大约 2 小时再加入白糖 200 克，饴糖、熟猪油 30 克、小苏打反复揉匀，用纱布盖住面团饧 15 分钟后待用。

（2）蜜玫瑰加入食用桃红调成馅，同时将面团擀成约 1.7 厘米厚的面皮，刷上玫瑰馅，向怀面的皮边不刷玫瑰，从正前方转向内裹完搓匀，切成面剂，用手或竹筷翻花造型，放入已刷油的蒸笼内（留适当间距），蒸约 20 分钟熟透即成。

特点　芳香、泡嫩、形美。

注意事项　玫瑰馅刷均匀，不宜过厚或不匀。注意保持花卷外形完整大方美观。

糖油发糕

主料	特级面粉	1500 克		
辅料	猪肥膘肉	200 克	小苏打	6 克
	稀酵面	200 克	清水	500 克
调料	白糖	400 克	蜜樱桃	50 克
	饴糖	50 克	蜜瓜条	50 克

制法

（1）选用无皮肥膘肉，用刀捶成茸泥，蜜樱桃切碎，蜜瓜条切成指甲片。

（2）将面粉加入清水，加白糖、肥膘茸泥，稀酵面和匀，反复揉匀，发酵 30 分钟左右，再加入小苏打（按一年四季的气候变化，灵活掌握），揉匀。

（3）将蒸笼洗净，纱布入清水中浸湿拧干，用木板块立放于蒸笼内成正方形，将揉好的发面倒入框内，框成厚约 2.5 厘米至 3 厘米，放 15～20 分钟。

（4）锅内掺水，用旺火烧开，待发面表面起泡时，将蒸笼盖上，蒸约 20 分钟至熟取出，再用刷子蘸饴糖，表面上刷一层，将樱桃、瓜条片撒在上面粘起，冷后用刀切成斜方块即成。

注意事项　猪肥膘肉，可改为猪板油更好。将面粉、白糖、肉茸泥、酵面和匀，反复揉匀，稀稠适度。苏打用量要恰当，做到酸碱中和，既无酸味，也无碱味。在蒸的过程中用竹签试插一下，不粘竹签即成熟。

凉　蛋　糕

主料	鸡蛋	500 克		
辅料	白糖	500 克	面粉	400 克
	细草纸	2 张		

制法

（1）将鸡蛋打破，蛋液倒入盆内，加白糖，用打蛋器顺着一个方向搅拌，搅至起泡沫呈乳白色，蛋液增大约 3 倍时，加入面粉拌匀。

（2）将细草纸铺于蒸笼格上，用宽约 3.5 厘米、长 16 厘米的薄木板立置于蒸笼格边，使蒸气容易上升。再将调好的蛋面糊倒入笼内，置旺火沸水锅上，蒸约 20 分钟，取出翻于面案上，揭去草纸，晾冷后，用片刀切成四方形或长方形的块，装盘上席。

特点　泡嫩香甜，凉食，尤其适用于夏天食用。

注意事项　按面粉配料，可分冬、夏两季，冬季配面粉 350～400 克；夏季配面粉 450 克至 500 克。搅拌蛋液时，应顺一个方向。

八宝枣糕

主料	鸡蛋	660 克	面粉	500 克
辅料	白糖	650 克	猪板油	500 克
	蜜枣	250 克	核桃仁	250 克
	蜜瓜片	250 克	蜜玫瑰	100 克

蜜樱桃	200克	黑芝麻	15克
细草纸	10张		

制法

（1）猪板油去筋皮，切成小方颗粒，蜜枣去核，同桃仁、瓜片、樱桃一起剁成绿豆大的颗粒。

（2）将鸡蛋打破，蛋液倒入盆内，加白糖，用打蛋器顺一个方向用力搅打至起泡沫呈乳白色，增大约3倍时，再慢慢地倒入面粉拌匀，加入猪板油、蜜枣、桃仁、瓜片、樱桃、玫瑰等和匀。

（3）笼格铺上细草纸，用长26厘米，宽3.5厘米的薄木板立置于笼边，使蒸气往上冲，将蛋糕糊倒入笼中擀平，撒上黑芝麻，上笼用旺火沸水蒸约30分钟即熟，出笼翻于案板上，揭撕去草纸，用木板夹住枣糕再翻一面，凉后用刀划成5厘米的正方形装盘入席。

特点 油多不腻，泡嫩香甜，营养丰富。

注意事项 搅打蛋泡必须顺一个方向进行。选用内江蜜枣。

白 蜂 糕

主料	大米	2500克		
辅料	蜜玫瑰	30克	蜜瓜片	250克
	白糖	1000克	蜜樱桃	250克
	酥桃仁	250克	白色蜂蜜	300克
	果酱	400克	饭坯	500克
	酵母浆	1000克	猪板油	400克

红枣　　250 克　　　小苏打　　20 克

制法

（1）大米淘洗干净，入清水泡透心时，捞起加入饭坯和匀，磨成细浆，加入酵母浆搅匀，待发酵起泡，加苏打、白糖，放入蜂蜜搅匀。玫瑰、果酱调得干稀适度，桃仁、樱桃、瓜片切成薄片，板油切成豌豆大的颗粒，红枣去核，三个一组捏紧，切成有花纹的薄片。

（2）笼内垫上湿笼布，放入 1/2 的米浆，加上盖，用旺火蒸约 20 分钟，揭开盖，淋上一层薄薄的玫瑰果酱，再淋上米浆盖在面上一层，并均匀地在表层撒上桃仁、瓜片、樱桃、板油粒，加盖继续蒸 20 分钟至熟时，取出切成菱形块即成。

特点　质地泡嫩，色泽洁白，香甜爽口，形态美观。

注意事项　用沸水旺火，中途不能软火。此糕质地细嫩，味道香甜，作为小吃上席。

白甜糕

主料　大米　　5000 克

辅料　白糖　　2000 克　　　酵母浆　约 1500 克

制法

（1）大米淘净，浸泡清水中，发涨透心，换清水磨成浆汁，掺入酵母浆，加入白糖搅匀，用干净布帕盖上，待发酵起泡时即成。

（2）用湿笼布垫于蒸笼格上，倾入发酵的浆汁，厚约 1.7 厘米，加上盖置沸水旺火蒸 20 分钟即成，翻于案板上，用刀切成菱形块或条方形。

特点　白泡甜香，质细嫩。

注意事项　如无酵母浆，加20%的大米饭和泡好的大米一起磨成浆汁。用荷叶形模具，置于笼内，上面铺湿笼布，按成窝形，分别舀入浆汁，蒸熟，称为白甜粑。

蒸 蒸 糕

主料	大米	5000克	糯米	1000克
馅料	豆沙	150克	红糖	250克
	熟猪油	30克	白糖	150克
	制米粉	50克		

制法

（1）将大米、糯米淘洗干净，用清水浸泡，约10至12小时，沥干水分，倒入碓窝内，掺水300克左右，用粗木棒舂，舂成细粒，保持半干湿状态，倒入马尾箩筛筛过，余下的粗粒再舂再筛，全部成为针尖大小的细粒，放入锅内用微火炒熟，再用箩筛筛过即成。

（2）将豆沙、红糖、熟猪油合炒成馅。再将白糖和制好的米粉作为糕的糖面撒上。

（3）用铜罐一个，顶上开一气孔，另用木制蒸模模具一套，分上下两部分，上部分是盖和木柄，下部分成“⊤”形，中间挖空成为上大下小的六角形，底部为直径约1.7厘米的圆孔。另用木片削成圆孔大的圆片，中间挖一个直径0.7厘米的小孔，以通蒸气。

（4）铜罐盛水置于炉上烧沸，在气孔上垫一圆形中空的布片（用四层布剪叠成），将蒸模放铜罐上，两个气孔对端正，待蒸模被蒸气冲热后，取下蒸模，将米粉舀入六角形模具至1/2处，加入馅料后，继续将米粉填满，并在米粉上涂一层糖面粉，加上盖，放铜罐上蒸熟后，将蒸模取下，用盖子的木柄伸入模底气孔内，轻轻将米糕顶出，盛入盘中即成。

特点　质地松软，香甜适口。

注意事项　米细粒不宜成粉。若成粉状，则蒸熟后不疏松。新制作的蒸模，注意气孔大小适用。馅料每个约6克。

泸州白糕

主料	大米	1000克		
辅料	鸡蛋清	2个	熟猪油	200克
	小苏打	6克	瓜条	50克
	蜜樱桃	50克		
调料	白糖	400克		

制法

（1）将大米淘洗净，用800克浸泡入清水内，泡透心时，沥干水分。另将200克放入沸水锅内煮至半熟捞起晾凉，与泡涨的大米混合拌匀，加适量的水磨成粉浆，越细越好。用瓢搅粉浆，搅得动为宜（不宜稀），盛入缸内。

（2）净锅置小火上，加适量清水，下白糖溶化，沸后加入搅散的蛋清，再沸时，除去浮沫熬成糖浆，下熟猪油搅成“糖油浆”起锅盛盆内待用。瓜条切成小薄片，蜜樱桃剖成两半。

（3）将酵面浆放入米浆内搅匀，加盖，发酵约 4 小时，体积增大一倍左右，用木棒顺一个方向搅动后，继续发酵一定时间，当用瓢舀起粉浆不粘瓢时，加入糖油浆搅匀。将小苏打加水溶化，分次加入，边加边搅，搅成糕浆待用。

（4）将特别白糕模具圈（直径 7 厘米，高 2 厘米）若干个，置笼内，圈内垫一层白纱布，稍按成“灯盏”窝形，舀粉浆入窝内，放上瓜条片、樱桃（半边），各一片。置蒸笼于旺火沸水锅上面，蒸约 15 至 20 分钟即成熟。

特点　泸州白糕有百年历史，色白似雪，松泡细嫩，富有弹性，香甜适口。

香油冻糕

主料	大米	1600 克	糯米	900 克
辅料	黄豆	130 克	生猪油	200 克
调料	白糖	1000 克	香油	25 克
	芝麻末	50 克		

制法

（1）将大米、糯米 300 克淘洗净，用清水泡胀用磨磨成稀浆，盛入盆内。余下的糯米淘洗净，置笼内蒸熟，中途洒一些水，再蒸熟透，倒入米浆盆内搅匀，待发酵后，加入切细的板油粒、香油、白糖，芝麻末搅匀成二流浆发酵，发酵后才能使用。

（2）将竹笼洗净，放入特制木方格，每格均垫入洗净的玉米衣，舀入发酵的米浆，将笼置旺火沸水锅上面，蒸熟时取出即成。

特点　色白如玉，滋润绵软，松泡化渣，香甜可口，它属于成都崇州市怀远三绝之一。

夹心蛋糕

主料	鸡蛋	1000 克	面粉	800 克
辅料	白糖	800 克	蜜瓜条	50 克
	蜜樱桃	100 克	洗沙	150 克
	柑条	50 克	蜜玫瑰	25 克

制法

（1）将鸡蛋打破，蛋液倒入缸内，加白糖，用打蛋机，顺着一个方向不停地搅打，约 20 分钟，待蛋汁成乳白色时，将面粉均匀加入蛋汁内轻轻搅转。

（2）蜜玫瑰、柑条、瓜条、蜜樱桃切成米粒，与洗沙一起和匀成馅料。

（3）蒸笼洗净，放入木箱架，垫上笼布，将一半蛋汁从左至右倒入箱内，上笼盖，用旺火沸水蒸 5 分钟，将蒸笼提起，揭开笼盖，把拌好的蜜饯洗沙馅料均匀地撒在箱内的蛋汁糕坯上面，再倒入剩下的蛋汁，上笼盖，用猛火蒸 15 分钟至熟，起笼，翻于案板上，晾冷后，切成小块入盘即成。

特点　色形大方，质地泡嫩适口。

注意事项　色和形，厨师可自行掌握，配上甜羹可作为中点。

凉白糕

主料 大米 2500克

辅料 白糖 500克 酵母浆 500克

小苏打 15克

制法

(1) 将大米淘洗干净，入清水中泡涨透心，磨成米浆，用300克米浆放入锅内搅熟入大盆内，加米浆、酵母浆搅匀，待发酵起泡眼时，加入白糖、苏打粉搅匀。

(2) 特制模具或木箱用湿纱布垫底，加大米浆后放笼内，旺火沸水蒸约30分钟，取出晾冷，用片刀切成50克或25克一块。

特点 色白，质嫩松泡，香甜可口。

注意事项 酵母浆，是上次磨的米浆留下来的，带有酸味的陈米浆，用来发酵。此糕去白糖，加红糖，则称凉黄糕。

凉糍粑

主料 糯米 5000克

辅料 熟芝麻面 300克 胭脂糖 200克

馅料 炒豆沙 500克

制法

糯米淘洗净后，用清水泡上1个半钟头。用干净湿纱布一方，放笼内铺平，将糯米捞起放于布上，稍擀平，四角折转盖米上。旺火沸水蒸30分钟后，揭开盖看一下糯米软硬程度，如果稍硬，洒上适量的温水，再盖上。蒸至熟透取出，倒入石臼中，用木棒舂成糍粑。将其放入瓷盆中，手上抹少许熟菜油，将糍粑按需要分成若干份，豆沙馅分成与之同等数量的心子，将糍粑按平成圆形，放入豆沙心子，包于糍粑中间，捏拢成团，放入芝麻面中滚一转装入盘中，每盘装两个凉糍粑，撒上胭脂糖即成。

特点　甜香细软，入口凉爽。

注意事项　胭脂糖是用白糖加食用桃红对成的。炒豆沙：将红豆洗净，泡透心，入笼蒸熟，取出晾凉，晒干，磨成细粉，用箩筛筛过，再用菜油炒成豆沙。炒芝麻的锅烧至六成油温为佳，炒香不炒煳为度。芝麻炒后稍凉一下，用擀面杖压碎成粉状。

叶儿粑

主料	糯米	4000克	大米	1000克
馅料（甜）	白糖	2000克	熟猪油	6000克
	面粉	350克	蜜桂花	300克
辅料	芭蕉叶			

制法

将糯米、大米淘洗净，用清水浸泡两天，用筲箕滤干水分，倒入盆内，加清水，连水带米磨成浆汁，米浆装入布袋里，用绳捆紧袋口，吊起滴干水分。

将米粉取出放入盆内，加少量清水拌和，用双手搓揉，揉至软硬适度，不粘手为止。搓成圆条，揪成小块状，然后将块状粉末放左手掌，用右手将其压成厚薄均匀的包皮。将白糖、熟猪油、面粉、蜜桂花和匀揉成馅心，放入包皮中心，双手捏成椭圆形，再包上已准备好的芭蕉叶或柑橘叶。包时两边抄拢，只包一头；入笼时，未包的一头向上，立放入蒸笼内。置旺火沸水锅中，蒸约 20 分钟即成。

如果馅料改用猪肥瘦肉、芽菜剁碎、炒散籽、加盐、酱油、绍酒、胡椒粉、葱白等，即可制成咸味的叶儿粑。

特点 味甜清香、质地细软不粘牙(咸馅则为“咸鲜”)。

注意事项 芭蕉叶洗净，放入沸水中煮软后取出使用。米泡透心，磨细。拌和米粉时掺水要适当，不硬不软成包皮。蒸叶儿粑必须用旺火。

燕窝粑

主料	发面	750 克		
辅料	猪板油	250 克	蜜瓜圆	60 克
	蜜樱桃	60 克	白糖	120 克
	蜜桂花	25 克	饴糖	50 克
	蜜枣(去核)	5 个	白碱	3.5 克

制法

(1) 将猪板油去皮，与蜜桂花砸茸成油泡状或油茸泥。蜜瓜圆、蜜樱桃切成碎粒，蜜枣切成 40 粒。

(2) 在发面内加入白糖、白碱和均揉匀擀平，抹上油茸泥，撒上瓜圆、樱桃颗粒，卷成圆筒，压扁切成约 6.6 厘米长的 20 块，每块横过来，切成筷子头粗的条，每条向两端拉约 10 厘米长，筷子从中挑起，左手捏住丝头，挽一圈成燕窝形，结头在下，上部用手指按小窝，中间嵌蜜枣二颗，入笼用旺火蒸熟即成。

特点　形似燕窝，松软香甜。

注意事项　发面宜稍硬一点为好。蜜饯切成米粒，油茸抹均匀。卷圆筒时，一定要卷紧。

鸡馅蒸饺

主料	大米	350 克	糯米	150 克
辅料	净鸡肉	400 克	冬笋尖	40 克
	香菇	40 克	鸡汤	约 500 克
	姜块	15 克	葱节	25 克
	绍酒	15 克	熟猪油	50 克
调料	精盐	4 克	味精	2 克
	冰糖片	3 克		

制法

（1）将水发香菇、冬笋洗净，均切成小粒；姜葱洗净，姜拍破，葱切节；鸡肉洗净切成小条形。

（2）净锅置中火上，下熟猪油烧至四成油温，下鸡肉条、姜块、葱节炒出香味，喷入绍酒，加鸡汤、冰糖片、精盐烧开，打净浮沫，改用小火烧至红亮，肉熟透，汁浓起锅，鸡肉切成小粒，与冬笋、香菇、味精拌匀成馅。

（3）大米、糯米淘洗净，浸泡透心，磨成浆汁，装入布袋内吊干水分，搓成条揪成 60 个面节。每个节擀成直径 4 厘米的小圆皮。将皮置左手掌上，挑入鸡肉馅，对叠成半圆形，用右手的拇指和食指捏上花纹成豆荚形，放入抹油的蒸笼内，用旺火沸水蒸两三分钟取出，装盘即成。

特点 用大米制成皮，色白如玉，皮薄馅满，细嫩爽口，味道鲜美。

虾肉兔饺

主料	上等面粉	500克		
辅料	化猪油	50克	虾肉	350克
	肥肉	60克	精盐	7克
	鸡蛋清	10克	味精	3克

制法

（1）净锅置中火上，掺清水350克烧开，将面粉慢慢加入，用木棒不断地搅动，搅至收干水汽起锅，置案板上散去热气。

（2）将虾肉洗净，用干纱布吸干水，虾肉剁烂入盆，加精盐搅均匀，肥肉剁烂，与虾肉拌匀，放入鸡蛋清，味精搅拌均匀，成为馅。

（3）将晾凉的烫面加入化猪油搅匀，搓成2厘米的圆条，揪成面剂40个，用手掌按直径4厘米的圆皮，放虾肉馅包入收口，先捏成一端尖一头圆，再把尖端捏扁，剪成两半，翻转立起作兔耳。在圆的一头，用钳子夹成兔尾。头部用食红点上兔眼，粘一颗芝麻。放入刷了油的笼内，用旺火沸水蒸8分钟即成。

特点 外形似兔，皮薄馅嫩，味道鲜。

注意事项 热天虾肉馅要冰冻一下。用大火蒸。

蒸　饺

主料	面粉	500克	猪肥瘦肉	400克
辅料	小白菜	250克	清水	350克
	熟猪油	100克		
调料	精盐	2克	胡椒粉	1克
	酱油	25克	味精	1克
	绍酒	15克	香油	25克

制法

（1）猪肥瘦肉剁成碎颗粒，炒锅置中火上，放入熟猪油烧至六成油温，下猪肉炒散籽，加绍酒、精盐、酱油炒匀迅速起锅。

（2）小白菜淘洗净，入沸水锅中焯一水捞起，用清水漂一下，捞出剁烂，挤干水分。肉馅加香油、味精、胡椒粉、小白菜拌和均匀即成馅心。

（3）冷水入锅烧开，倾入400克面粉（留100克作扑粉用），用擀面杖搅匀烫熟起锅，揉搓成细条，揪成30个面剂，撒上扑粉，右手拿小擀面杖，左手将面剂按扁，擀成直径约4厘米的圆皮。左手拿圆皮，右手拿小竹片，将馅心挑入圆皮中间，右手捏花，做成饺，形如“豆荚”，饺子放入蒸笼内摆好（注意立放，留间距），用旺火沸水蒸15分钟左右，出笼收汁食用。

特点　软嫩滋润，鲜香可口。

注意事项　猪肉炒熟炒香，保持鲜嫩。馅心切不可黏附在圆坯皮边，以免捏不拢。

玻璃烧卖（刷把头）

主料	面粉	200 克		
辅料	猪肥瘦肉	550 克	小白菜	250 克
	细豆粉	250 克	清水	100 克
	味精	1 克	香油	10 克
	精盐	5 克	胡椒粉	1 克
	绍酒	2 克		

制法

（1）将猪肥肉煮熟，捞出晾凉，用刀切成小黄豆大的颗粒；猪瘦肉剁成绿豆大的颗粒；小白菜淘洗后，入沸水中焯一水，放清水中漂凉，捞起切碎，挤干水分。将猪瘦肉放入盆内，加绍酒、味精、香油、胡椒粉、精盐调拌均匀，加入熟肥肉和匀，最后放入小白菜搅匀成馅。

（2）面粉加清水和匀，揉熟成团，搓成直径 1.7 厘米的圆条。一手拿圆条，另一手揪成 15 克重的面剂 20 个，撒上细豆粉，再将每个面剂竖立起按扁，用小擀面杖擀成直径为 4 厘米的圆皮，再均匀撒上细豆粉，以防粘连。一张一张地摊开叠整齐，放于案板边缘，用小擀面杖擀压周围边沿，边擀压边转，不要擀压中间，保持中间稍厚边沿薄，擀成直径约 6 厘米的荷叶形圆皮即成。

（3）面皮放于手掌，用竹片挑馅于圆皮中心，轻捏，使馅均匀地粘住面皮，捏成白菜形状，入笼立放，用旺火沸水蒸 3 ~ 4 分钟揭开笼盖，用洁净刷把浇冷水，均匀地浇在烧卖上，直至蒸熟出笼。

特点　细嫩化渣、鲜香可口，皮薄透明发亮。

注意事项　用猪肥肉七成，瘦肉三成的比例制馅。配馅选用绿色的蔬菜均宜。烧卖皮不要有破烂小孔或厚薄不匀。蒸时，洒水要均匀，熟后不能出现白点。

梅花烧卖

主料	澄粉	450 克	淀粉	50 克
	精盐	5 克	化猪油	15 克
馅料	虾肉	800 克	肥肉	180 克
	味精	4 克	鸡蛋清	20 克
	熟火腿末	100 克		

制法

（1）将虾肉洗净，用干纱布吸干水分，剁烂盛入盆内，加精盐拌上劲。猪肥肉洗净剁烂，与虾肉拌，加味精、鸡蛋清拌上劲成馅。

（2）将澄粉和淀粉和匀过箩筛，放入锅内，加精盐。另取清水 600 克精开，倒入澄粉锅内搅匀锅置小火，加盖约焖 5 分钟，取出烫面置案板上，揉透揉光滑，下化猪油和匀，揉搓成条切成 80 个面剂，用半干湿纱布盖着。

（3）将片刀抹上油，把面剂平压成直径 6 厘米的圆薄片，放上馅，包成四角形，中间留一小口，把每个角顺一个方向折到中间小口处，捏紧角尖，形成五瓣梅花形，用花钳将边上钳成梅花皱纹，用火腿细末撒在梅花中间作花蕊，放入刷了油的蒸笼内，用旺火沸水蒸约 10 分钟即成。

特点 形似梅花，质地滑爽，味美适口。

注意事项 现制皮包，以免干裂。蒸熟立刻出笼，若时间过久，要变形。

绿 豆 团

主料	糯米	250克	大米	50克
辅料	蜜枣	150克	蜜桂花	25克
	白糖	100克	熟猪油	50克
	干绿豆	250克		

制法

(1) 糯米与大米淘洗净，用冷水浸泡12小时，换去泡米水，加入清水磨成米浆，装入布袋中吊干水分。

(2) 蜜枣去核入碗，上笼蒸软倒在案板上，晾冷加油，用手揉匀，再加白糖、桂花混合揉匀，搓成15～20克的小圆形馅心。

(3) 绿豆入开水中煮皱皮，捞入小筲箕中用木瓢擂去豆皮，倒入清水中，待豆壳浮于水面时，去掉豆壳，绿豆入笼蒸炽。

(4) 将吊浆米粉取出，加少量的水揉匀，揪成20克至25克重的粉剂，放入左手掌上，中间按一个窝，包上馅心做成球形，放入绿豆粒中滚一转，粘上一层绿豆粒，放入垫上洁净湿笼布的蒸笼内，上笼蒸10分钟即成。

特点 细嫩色美，爽口香甜。

注意事项 糯米、大米配搭可按8:2或7:3的比例，根据糯米的软糯程度灵活掌握。制馅选用内江蜜枣，取其柔软，易揉成泥的特点。绿豆蒸到刚过心为佳。

火腿油花

主料	上等面粉	500 克		
辅料	熟火腿末	120 克	小苏打	6 克
	酵面	50 克		
调料	精盐	4 克	味精	1 克

制法

（1）面粉、清水 200 克、酵面 瀣散一起和匀，揉成面团，发酵后，加苏打反复揉匀，用湿纱布盖好，饧 20 分钟后待用。

（2）猪板油洗净，去皮筋，加精盐、味精、火腿末用刀背砸茸，即成为咸馅。

（3）将面团擀成 0. 65 厘米厚的长方面片，将咸馅均匀地抹于面片上，用手叠成扁筒片，再压平成扁条，切成 5 厘米的见方条块 20 块，把每一块横过来切，每块切五刀（0. 65 厘米宽），切成细条，一刀盖一刀，如整齐的书页一样。分两组交叉成“十”字形，合拢轻捏一下，成菊花形，再翻面，花瓣朝下，用手拍一下，再翻过来，放入蒸笼的菊花盏内，撒上少量火腿末于花心中间、置笼于旺火沸水锅上，蒸 12 分钟即成。

特点　形如菊花，松泡软和，入口化渣，为重庆筵席点心之一。

窝丝油花

主料	面粉	500 克		
辅料	生猪板油	250 克	花椒面	2 克
	细葱花	50 克	熟火腿	50 克
	精盐	10 克	冷水	270 克

制法

（1）生板油去皮筋，砸茸，熟火腿切成细粒。板油茸放入碗内，加精盐、花椒面、火腿粒、细葱花和匀。

（2）面粉倒在案板上，中间刨一个坑，加水、精盐和匀，揉成面团，用湿纱布盖着饧 30 分钟。之后，用擀面杖擀成约 0.66 厘米厚的整块面皮，将拌和好的油茸均匀地涂抹在面皮上。由外向怀内卷起来成圆筒，稍按一下，横切成 10 厘米长的节，将每节用刀顺切成丝，一束一束拍开。然后将每束切好的丝移至案板上，用手轻轻地向前移动拍打，使每束丝延伸约 30 厘米长，然后逐束卷成圆筒，竖立案板上，用右手五指轻轻按成圆饼状。上笼时，笼底抹上少许熟菜油，用旺火沸水蒸约 20 分钟出笼，上席时用手拍松即成。

特点 用筷子挑起如面丝，鲜香爽口。

注意事项 切丝时，案板和面刀都要抹上熟菜油，以免移动和切丝时粘连。丝子粗细均匀如细面条。食用时，用筷夹住饼的下端，向上提起，立即成丝。

红枣油花

主料	发面	600 克		
辅料	红枣	100 克	玫瑰糖	25 克
	白糖	100 克	猪板油	250 克
	饴糖	25 克		

制法

（1）红枣去核，用刀切成小颗粒，猪板油去皮筋，砸成泥茸，放入碗里，加红枣、玫瑰糖和匀。

（2）白糖加入扎成正碱的发面中，饧 10 分钟，待糖溶化后，将面团揉几下，擀成厚约 1 厘米的面皮，把油茸泥抹在面皮上面，由外向内卷成圆筒按扁，再用刀横切成约 10 厘米的长节（每个重 60 克），再竖着用刀切成细丝，不要切断，移至抹油的案板处摊开，用手轻拍面丝，拉伸至约 30 厘米，再卷成圆筒竖立，压成圆饼状，入笼，置沸水锅中，用旺火蒸约 20 分钟即成。

特点　泡嫩、香甜可口。

注意事项　红枣用刀剁细，要细中现粒。入笼时，笼格上要抹油。上席前，要用手稍稍拍松。

珍珠圆子

主料	糯米	4000 克		
辅料	蜜樱桃	100 克	鸡蛋	10 个
	干细豆粉	900 克		

玫瑰馅	白糖	900 克	蜜玫瑰	100 克
	熟猪油	250 克	豆粉	250 克
鲜肉馅	鲜猪腿肉	2 千克	葱白头	400 克
	味精	20 克	白酱油	360 克

制法

（1）蜜樱桃对剖成两瓣，糯米淘洗干净，入清水中浸泡胀（约 5 小时），沥干水分（留糯米 750 克继续浸泡到 14 小时后，沥干水分摊开，作粘裹圆子的“珍珠”用），入沸水锅煮至九成熟，沥去米汤，放入钵内，趁热加上鸡蛋、干细淀粉，拌和均匀，分成 200 个糯米团坯剂。

（2）将白糖、蜜玫瑰、熟猪油、豆粉揉匀成玫瑰馅。鲜猪肉洗净剁成筷子头颗粒，入油锅内炒熟，起锅晾凉，加葱白头切成颗粒和味精、酱油拌匀即成鲜肉馅。

（3）将糯米团坯剂用手按扁，包入玫瑰馅 15 克或鲜肉馅 20 克捏拢封口，搓圆，放入浸泡胀的糯米粒的筲箕内粘裹上“珍珠”，在甜圆面子上嵌半颗蜜樱桃，入笼，用旺火蒸熟即成。

特点　形如珍珠，晶莹发亮，软糯适口，甜、咸鲜香各异。

注意事项　豆粉必须擀细，除去粗颗粒。豆粉与蛋液趁热加入拌匀为佳。糯米团坯剂大小均匀，粘满糯米。甜馅，可用洗沙、橘红、芝麻等作馅料。若用“西米”浸泡后作粘裹糯米圆子的“珍珠”，效果尤佳。

荷叶饼

主料	发面	600克		
辅料	白糖	25克	熟猪油	25克

制法

发面加白糖揉匀后，加碱再揉均匀，饧10分钟后，再进行揉匀，搓成直径约3厘米粗的条，用手揪成面剂，立放于案板上，依次排好，然后用油刷刷上熟猪油，右手持梳子一把，用左手将刷好油的面剂，从中心稍按扁，对叠，用梳齿在半圆形的饼面按上花纹。最后左手指靠饼背捏着，右手拿梳背在饼边靠压两下成荷叶形，入笼旺火蒸约10分钟即成。

特点 此饼色白，质地泡嫩，形像荷叶。

注意事项 荷叶饼有两种制法，一种对叠，另一种对叠后再对叠。荷叶饼无心，要选用特级面粉，重在造型，要求色白形美。

龙眼玉杯

主料	大米	350克	糯米	150克
辅料	鸡蛋清	2个	琼脂	9克
	食用绿色素	0.1克	薄荷香精	少许
调料	白糖	260克	蜜樱桃	20粒

制法

(1) 将琼脂洗净，发软，盛于碗内，加清水50克，入笼蒸化。

（2）净锅置小火上，加水700克左右，下白糖熬化，加入调散的鸡蛋清入糖汁内，提净杂质，取出一部分糖汁盛碗内，用纱布封着晾凉。琼脂汁倒入锅内糖汁中搅匀。取干净小酒杯20个。每杯中放入樱桃一粒，舀入琼脂糖汁入杯内凝结成龙眼冻。薄荷香精、绿色素与余下琼脂调匀，注入平盘内摊成约0.6厘米厚的皮，晾凉，选用圆形的花边模型，按压成圆皮。

（3）大米，糯米淘洗净，泡透心，磨成细粉浆，装入布袋内，吊干水分，入笼蒸熟，搓成条，揪成40个面剂，用手做成酒杯和杯座各20个，捏合成高脚酒杯，置笼内蒸两三分钟成熟取出，稍凉后，置于绿色圆皮上，将龙眼放入每个杯内，注入冷糖汁上桌。

特点　红、绿、白相衬，形色美观，质地细嫩，薄荷风味，清暑凉爽，十分可口。

二、煮

清汤抄手

主料	抄手皮	500克	猪肥瘦肉	300克
辅料	生姜（取汁）	50克	鸡蛋	1个
	冷汤	100克	熟猪油	50克
	香油	10克	葱白花	15克

	清汤	750 克	芽菜	50 克
调料	精盐	10 克	胡椒粉	1 克
	酱油	70 克	味精	1 克

制法

(1) 将去皮去筋的猪肥瘦肉，用刀背砸成茸泥后再放入盆内加精盐 5 克、鸡蛋液、味精 0.5 克、胡椒粉 0.5 克、姜汁搅匀。冷汤分三次加入肉茸泥里，每次加冷汤时用力搅拌，使肉吸收汤汁融为一体成饱和状态即成。

(2) 左手置抄手皮，右手将肉馅挑入面皮中心，包成“菱角形”。

(3) 将精盐、胡椒粉、味精、酱油、熟猪油、香油、芽菜（淘洗后剁细），葱花分为 10 碗，清汤注入碗内。用旺火沸水（水要宽），放入抄手推转，防止粘连，煮开时加点清水防止煮烂，抄手煮至皮皱、发亮，即可捞入碗内。

特点　皮薄馅多，细嫩，汤汁鲜香，清爽可口。

注意事项　抄手馅用刀背砸成茸泥。冷汤一定要分几次加入肉茸泥内。生姜拍烂放入碗内加水泡汁。

红油水饺

主料	面粉	300 克	猪肥瘦肉	250 克
辅料	生姜(取汁)	25 克	鸡蛋	1 个
	蒜泥	50 克	清水	150 克
调料	红油辣椒	75 克	味精	1 克
	甜红酱油	50 克	胡椒粉	0.5 克

精盐	2 克	酱油	50 克
绍酒	25 克		

制法

（1）猪肥瘦肉用刀背砸成茸泥，去筋，排细，入盆内加姜汁、味精、胡椒粉、精盐、鸡蛋搅匀，清水分三次加完，用力搅拌，使肉吸收水分融为一体，作为馅。

（2）将面粉 250 克倾于案板上，中间刨一个坑，加清水 100 克与面粉和匀，揉熟，搓成直径约 1.6 厘米的圆条，左手拿面条，右手揪成约 6 克重的面剂 50 个，将每个面剂立起按扁，撒上干面粉，用小擀面杖擀成直径约 5 厘米的圆皮。

（3）饺皮摊在左手掌，右手拿竹片挑馅于皮中心，对叠捏紧成半月形。煮饺子用旺火、沸水（水要宽），放入饺子推转，加点清水，盖上盖煮（以防煮烂），待皮起皱饺发亮成熟时捞入碗内。将辣椒油、蒜泥、味精、酱油、甜红酱油和匀，浇在每碗水饺面上即成。

特点 四季皆宜，饺皮细腻，馅鲜嫩，甜咸香辣。

注意事项 面剂要立按，成圆形，厚薄均匀。面团要揉得越熟越好。

赖汤圆

主料	糯米	5000 克	大米	500 克
馅料	白糖	1500 克	熟猪油	450 克
	黑芝麻	450 克	熟面粉	300 克

制法

（1）选用粒大形圆的上等糯米和上等大米，筛去杂质，放入盆内，加清水，用手轻轻搓淘，水浑时，即换清水再搓淘，直到水清为止。再用水淹没糯米浸泡，气温在20℃左右，每天要换水两次；在30℃时，每天换水三四次。夏季只能泡24小时，冬季泡72小时，糯米才能泡涨。用石磨磨成浆。磨时，用白布口袋接在磨盘嘴上捆牢，让米浆流入袋内，至米浆装满口袋时，用麻绳扎紧袋口，将口袋悬吊在梁柱上吊浆，或放置在长方形案板上，用木杠压的办法，把米浆中水分挤出，吊干或压干水分后，便成汤圆粉子。

（2）将黑芝麻用清水淘净泥沙后，入锅用微火炒熟炒香，过一次筛，用擀面杖将炒好的芝麻压碎，加入白糖、熟猪油、熟面粉和匀，用擀面杖压紧成1.6厘米厚的长方块，再切成1厘米左右见方的小块即心子。

（3）将汤圆粉子置于铺有白布的案板上，加清水少许，揉至软和均匀、不粘手。然后取约15克，放在手心中，用手压扁，成为直径3.5厘米，厚薄均匀的汤圆坯皮，再取汤圆心子一个放入皮中，包严捏紧，没有裂缝即成。

（4）用鼎锅，装七八成水，旺火烧开后稍停，使水微沸不腾，先用汤瓢沿锅将水搅动后，迅速放汤圆入锅，掌握好火候，保持沸水不致翻腾（避免汤圆被翻开的沸水冲烂）。当沸水翻腾时，可用汤瓢舀少许冷清水沿锅边掺入，使水不致沸腾，从而保持汤不浑，汤圆亦不会沉入锅底。经过旺火煮15分钟左右，汤圆浮上水面，翻滚一两次就已煮熟。要求口感不腻，不粘牙，汤不浑。

特点 具有入口细嫩柔和，香甜，汤清不浑。

注意事项 粉要磨细，越细质地越柔和。馅每个重约7.5克，才能做到皮薄馅饱满。无鼎锅，也可用大铝锅、铁锅煮制。煮时掌握火候，防止粘锅底，发生煳味，浑汤。

担担油茶

主料	大米	400克	面粉	500克
辅料	干姜	100克	糯米	100克
	腌大头菜	50克	小苏打	4克
	干淀粉	50克	菜油	3250克
	芝麻	30克		（耗340克）
调料	精盐	50克	花椒	10克
	葱花	25克	辣椒面	50克

制法

（1）大米、糯米混合磨成细粉。将大圆铁锅洗净，加清水3000克烧开后，放入姜块50克，葱5克挽结，除去浮沫，再取出姜葱，放入米粉搅均匀成浆，用旺火烧开后，置微火上煮熟，成油茶糊。面粉加清水200克，精盐5克，苏打粉4克调匀，反复揉熟成团，置面板上1小时后，将面揉成条，表面刷上菜油，待面条发汗。

（2）将锅洗净，放入菜油3000克，烧至七成油温时，将发好汗的面条揪100个面剂，撒上扑粉，将面条搓成0.70厘米直径的细条，用左右手掌盘成6股圆圈，再用两根竹面筷将圆圈面条分开拉长，拉成直径约 0.16 厘米的细条，再入油锅中炸成棕红色的油茶馓子。

(3) 菜油 75 克放炒锅内，烧至七成油温，下花椒，炸成棕红色后将花椒去掉，倒入碗内成为花椒油。菜油 130 克入锅烧至八成油温时，稍晾至六成热时倒入辣椒面碗内，加盖五六分钟后制成红油，将红油倒入另一碗内待用。芝麻炒熟后压成粉末；腌大头菜切成细颗粒；生姜 50 克剁成姜米。

(4) 食用时，油茶糊 150 克为一碗，加入精盐、芝麻面、椒油、红油、姜米、大头菜细颗粒、葱花，再将馓子 25 克，用手捏散，撒上即成。

特点　油茶系传统小吃之一，早、晚均宜，味咸，微辣，鲜香可口，兼有驱寒的作用。

注意事项　油茶糊不能过浓或过稀。

川北凉粉

主料	干白豌豆	500 克		
调料	辣椒面	50 克	精盐	15 克
	菜油	230 克	冰糖	5 克
	生姜	5 克	蒜泥	100 克
	口蘑豆油	150 克	葱叶	10 克
	味精	5 克	花椒	1 克

制法

(1) 将豌豆磨碎去壳，水中浸泡透，磨成粉浆，装入纱布滤去渣取豆浆汁，待豆浆汁沉淀后，去掉清水，并将中层豆浆汁装入另一盆内称为油粉，取出底层沉淀粉晾干水分，称为坨粉或全清豆粉。

（2）将锅洗净，大约掺入清水3000克烧开，下油粉搅匀，沸腾后，再下坨粉（先用清水溶化成汁），分两次入锅搅匀，用力搅动约30分钟左右至熟，盛入盆内晾凉即成。

（3）炒锅洗净，菜油烧至五成油温，放入拍破的生姜和花椒粒、葱叶炼熟，将菜油盛入碗内，去掉生姜、花椒、葱叶，待油温降至180℃左右时，再加入辣椒面即成红油。

（4）大蒜去皮捣成泥，放入少量生菜油，加冷开水拌匀即成蒜泥水。冰糖放入豆油中溶化，达到色浓、略有回甜味。分别加入精盐、蒜泥、豆油、味精，淋上红油即成。

（5）食用时，将凉粉用刀切成约4厘米长、2厘米宽、0.5厘米厚的片或用镟刀镟成比筷子头稍小的粗条盛入碗内，加入酱油、味精、蒜泥水、红油辣椒。

特点 凉粉细嫩、色鲜香、味浓厚、爽滑可口，是四川名小吃之一。

注意事项 滤布要稀密适度，防止豆渣入粉缸内。煮凉粉先将锅内水烧开，下湿粉，用铲不断地搅动，防止粘锅烧焦。油粉吃水量小，坨粉吃水量大，掌握好用水量。

四川米凉粉

主料 大米 1000克 石灰水 60克

调料

豆豉	500 克	熟菜油	200 克
郫县豆瓣	150 克	德阳酱油	600 克
味精	5 克	胡椒粉	5 克
五香粉	2 克	豆粉	12 克
白酱油	100 克	芽菜末	150 克
芹菜粒	150 克	芝麻面	100 克
红油	100 克		

制法

（1）将大米淘洗净，浸泡 4 ~ 6 小时，磨成米浆。净锅置火上，掺适量清水烧开，将米浆徐徐倒入锅内，用长木棒不断地搅匀，再加适量石灰水。待米粉糊熟透时，用铲挑起“吊牌”成一块不易脱落时，盛入盆内，凉后翻扣在湿纱布上。吃时切成条、薄片或小四方块。

（2）净锅置中火上烧热，下熟菜油烧至四成油温时，放入豆豉茸炒酥香，再放则剁细的郫县豆瓣炒匀，加德阳酱油、味精、胡椒粉、五香粉调制均匀，勾水豆粉成糊状，盛盆内待用。

吃法

（1）热吃：米凉粉入锅内煮热，每碗 100 克加入豆豉酱 5 克、白酱油、红油、芝麻粉、芽菜末、芹菜末适量即成。

（2）凉吃：将用白酱油、红油辣椒、姜汁、蒜泥、豆豉茸、醋、味精、香葱花、少许白糖、调制成酸辣咸鲜味，如要突出香味，再加上香油、芝麻、香菜末、酥花生末等。

特点　夏天热吃，酸辣味美；冷吃，酸辣加香，香味更美，称为口水凉粉。冬天热吃、咸辣鲜香适口。

羊肉粉

主料	大米	5000 克	带骨羊肉	10000 克
辅料	菜油	600 克	生姜	90 克
	辣椒面	150 克	胡椒	50 克
	精盐	100 克	白酱油	1000 克
	味精	15 克	芫荽	250 克
	花椒	15 克		

制法

（1）将大米淘洗净，浸泡 3 天（冬季 7 天），勤换水，磨成米浆，过滤成坨粉，“发汗”1 天（冬季 3 天），做成球状坨子，上笼用旺火蒸 20 分钟（外熟内生），取出凉冷后捣碎，重新拌匀，做成筒状坨子。将锅内水烧开，把坨子放入米粉机压入锅内，1 ~ 2 分钟后起锅，淘洗干净即成米粉。

（2）羊肉去骨切成大块，用清水漂 4 ~ 5 小时（勤换水），每次换水前用手揉洗一遍，除去血腥味，下汤锅煮开，撇去泡沫，煮熟捞起，横切成薄片作臊子（脑肉、脑髓、羊肾、骨髓等部位加入臊子内，其味更佳）。

（3）将羊骨放汤锅内，加入花椒粒 15 克、胡椒、生姜各 50 克，盖上锅盖烧开撇去泡沫，熬 3 ~ 4 小时，舀出汤作原汤用。再加水烧开做烫粉用。

（4）将米粉用水漂洗后，抓入竹丝漏子里，放入汤锅烫热，倒入碗内，灌入原汤，加入精盐、白酱油、味精、红油、加上羊肉臊，撒上芫荽即成。

特点　南充市的顺庆羊肉粉，是传统名小吃。汤色雪白，味道鲜美，香而无膻味，粉条利落，营养丰富，是冬季食用佳品。

注意事项　主、辅、调料以 100 克米粉为一碗。菜油 600 克、辣椒 150 克、花椒 15 克、生姜 40 克，是制作红油用的。米粉装入竹丝漏子里，放入汤内，反复提出、放入 3 ~4 次，将其烫热为度。

鲜藕丝糕

主料	鲜嫩藕	500 克		
辅料	白糖	250 克	净藕粉	150 克
	鸡蛋清	1 个	白矾	5 克
	食红	0.2 克	清水	250 克

制法

（1）藕去节削去表皮，切成细丝，漂入白矾水内，使不变色，然后捞出放入开水锅中焯一下。

（2）清水锅中加入白糖，取蛋清入碗内，加入少许清水，用竹筷调匀倒入锅内，铁勺推几下，待糖渣泡沫浮起时，用漏瓢捞净，加入少许食红着色。

（3）再将藕粉用清水调稀，倒入糖汁锅内，搅至凝结时，再倒藕丝和匀后起锅，倒入抹了油的平盘中，晾凉后，用刀切成小巧精致的块，入盘即成。

特点　甜嫩、香脆爽口。

注意事项　藕要选用鲜嫩部分，洗净泥沙。白矾砸成末后入清水中搅匀，放入藕丝漂起待用。食用红色素用量宜少，调成浅红色为宜。藕粉稠度如凉粉的程度，不能搅得太干。鲜藕丝糕可以加一点马铃薯粉。

金玉轩醪糟

主料　糯米　2500 克

辅料　酒曲粉　20 克～24 克

制法

（1）选用大圆糯米，用细米筛去杂质，用清水搓洗净，泡于瓦盆内约 3 小时，无硬心为佳，滤干水分，再用清水冲一次。

（2）木甑置沸水锅内，水淹过甑脚 4 厘米，舀沸水从木甑四周淋一遍，将糯米入甑内，用旺火蒸至糯米无硬心时，甑离锅置缸中用瓢舀四五瓢冷水淋入糯米饭上面，水流入缸内，糯米饭倒簸箕内，稍晾一下，用手弄散糯米饭，将酒曲粉撒在面上和匀，用瓢舀入缸内（缸内四周先撒一些酒曲粉），用手轻轻压平，用擀面棒从中间插入缸底，再撒上 5 克～5 克酒曲粉，加盖，置于保温地方，周围用棉絮保温，上面盖棉絮。在冬天保持 37℃，12 小时后即成醪糟。

特点　成都金玉轩醪糟，开业于 1902 年，以经营醪糟、糍粑著称。醪糟汁多，中间空心，香浓味甜。

甜　水　面

主料　面粉　5000 克

辅料　精盐　25 克　　清水　约 2250 克

调味料　红油　2000 克　　甜酱油　1500 克

蒜泥　500 克　　香油　500 克

白酱油　500 克

制法

（1）将面粉倒于案板上，精盐放入水中溶化，边和面边加水和均匀，反复揉熟成团，用湿帕盖着饧 30 分钟。切一块面团（约 1.5 千克），压成圆饼，蘸菜油均匀地抹于面团两面，擀成 0.70 厘米厚的长方形面皮坯，双手捏住面皮坯两头，向左右拉一下，再切成 0.70 厘米宽的面条，待面条切完后，捏起 5 根～6 根面条，用手再拉长一点，成约 0.35 厘米宽的面条，切去两端面头，入沸水中煮熟，捞入筲箕内，晾几分钟，撒少许熟菜油抖散即成。

（2）吃时，将面条入沸水中煮 1 分钟入碗，淋上调味料即成。

特点　香辣回甜，滑溜、爽口，柔韧。

注意事项　和面时，只加精盐，不加碱。

凉　　面

主料　面条　600 克

辅料　绿豆芽　150 克

调料	熟菜油	50克	酱油	100克
	香油	30克	复制红酱油	100克
	蒜泥	50克	味精	5克
	花椒面	5克	醋	60克

制法

将清水用旺火烧开，抖散面条放入开水锅中，煮至断生为度，捞起滤干水分，放在案板上摊开，稍晾一下，浇上熟菜油，用竹筷抖散，摊开晾凉待用。

将绿豆芽洗净，放入开水中焯一水，捞出晾凉后，放在碗内垫底，凉面放在豆芽上面，再将以上各种调料依次放在凉面上即成。

特点 咸、甜、酸、辣、香、鲜，味浓爽口。

注意事项 煮面时，火要旺，水要开，水要宽。面条下锅后煮到断生时，立即捞出。选用圆条细丝面条为宜。浇油均匀，面条必须抖散成根，互不粘连。

担 担 面

主料	细面条	500克		
辅料	猪肥瘦肉	200克	葱花	50克
	熟猪油	10克	酱油	50克
	味精	1.5克	精盐	1克
	芽菜	25克	绍酒	15克
	醋	15克	辣椒油	25克

制法

（1）猪肥瘦肉洗净，剁成碎米状颗粒，芽菜切成碎颗粒。炒锅置旺火上，放入熟猪油烧至五成油温，下肉炒散籽，加绍酒、精盐、芽菜、酱油 10 克炒干水分，煵至酥香吐油，起锅作面馅。

（2）用干净碗 10 个，每碗放入酱油、味精、辣椒油、葱花，醋少许，作碗底调料，加少量鲜汤。

（3）面条放入沸水中煮开时，撇去浮沫，至面条不粘筷子起滑时，捞出放入调料碗中，最后放适量面馅在面条上即成。

特点　面馅干香，味美可口。

注意事项　猪肥瘦肉不宜剁得过细。面馅煵至酥香，微微吐油呈现棕红色为度。碗底调料，醋不宜放得过多。

铜井巷素面

主料　手工细面条　500 克

调料

香油	5 克	熟油辣椒	80 克
味精	15 克	复制红酱油	90 克
葱花	13 克	德阳酱油	80 克
蒜泥	25 克	芝麻酱	60 克
花椒面	2 克		

制法

先将上述调料定好底味，分 10 碗装入，将锅置旺火上，掺清水烧开，放入面条煮熟，用竹筷挑入漏瓢内，甩干水分倒入碗内即成。

特点　麻辣、咸甜、味鲜香。

注意事项　用特级面粉制成手工细面条。煮面时水要宽，火要旺，面煮至软硬适度。

奶汤面

主料	手工细面条	每碗100克		
辅料	鲜猪骨	5000克	鸡骨架	2个
	时令鲜菜	20克	鲜猪蹄	2只
调料	精盐	少许	胡椒粉	0.1克
	味精	0.1克	香葱花	1克
	老姜	20克	大葱	10克

制法

（1）将鲜猪骨、鲜猪蹄洗净，去净残毛，放入沸水内焯过2分钟~3分钟，放入冷水中洗净。鸡骨架洗净。鲜菜摘洗净，香葱洗净切成葱花。

（2）炖锅置旺火上，加清水、鲜猪骨、鲜猪蹄、鸡骨架烧开，打掉浮沫，加老姜（拍破）、大葱挽结，炖至汤成乳白色时，改用微火煵起待用。

（3）手工面条放入沸水锅内煮熟，捞入面碗内，加汤、精盐、味精、胡椒粉、葱花即成。

特点 汤汁乳白鲜香，略带辣味，面条滑爽适口。

素奶汤面

主料	面条	每碗100克		
辅料	黄豆芽	1000克	生花生米	400克
	大米	100克	时令鲜菜	每碗30克

调料 精盐 每碗少许 香油 3克
味精 1克 胡椒粉 少许
香葱花 1克 香菜节 20克

制法

（1）选用粗壮肥嫩的黄豆芽洗净，用5000克以上清水与豆芽熬汤、去沉淀。花生米、大米磨成浆约2000克，倒入黄豆芽汤内同煮成素奶汤。

（2）面条放入沸水锅内煮开，打掉泡沫。将精盐、香油、味精、胡椒粉、葱花盛碗内，舀入素奶汤，待面条、鲜菜煮熟时，挑面条入奶汤碗内加上鲜菜、香菜即成。

特点 汤汁乳白鲜香，略带辣味，面条滑爽适口。

家常牛肉面

主料 面条 500克 净牛肉 300克
辅料 笋子 20克 芹菜 25克
熟猪油 50克 菜油 50克
牛骨汤 1500克
调料 白酱油 100克 郫县豆瓣 40克
味精 5克 生姜米 6克
甜酱 25克 绍酒 10克
豆豉 10克 香葱花 15克
泡辣椒 5个

制法

（1）将牛肉去净筋，洗净，切成细筷子头粗的丁；笋子切成丁，入锅煮透；芹菜、泡辣椒分别切成末；郫县豆瓣剁成细粒。

(2) 白酱油（留15克备另用），味精、熟猪油、葱花分别盛入五个面碗内。

(3) 净锅置中火上，下菜油烧至五成油温时，放入牛肉丁、姜米煸炒至酥，下豆瓣，白酱油（15克）、绍酒、甜酱、泡辣椒末，豆豉炒至熟，加芹菜、笋丁炒匀起锅。面条放入沸水锅内煮熟，捞入调味料碗内，注入汤，舀入牛肉臊盖面即成。

特点 色泽红亮，面条柔和，咸辣鲜香。

成都酸辣面

主料	细挂面	500克		
辅料	水发冬菇片	30克	鸡汤	1200克
	笋片	50克	熟火腿片	30克
	鸡肫片	50克	豌豆尖	50克
	鸡片	50克	虾仁	15克
	熟猪油	30克		
调料	以500克面计精盐	2.5克		
	白酱油	20克	味精	4克
	香醋	20克	辣椒面	5克
	胡椒粉	2克		

制法

(1) 先将虾仁、鸡片、笋片、冬菇片、熟火腿片、鸡肫片均切成粒。

(2) 净锅置中火上，下熟猪油烧至六成油温，原料入锅炒至变色，加入精盐、鸡汤烧开，加入辣椒面继续烧，起锅时，下胡椒粉、白酱油、味精、香醋。同时另取一净锅，下开水烧沸，放入挂面煮熟，捞入5个碗内，舀入酸辣鸡汤臊。鲜豌豆尖入沸水内焯断生，放面条上即成。

特点　味道酸辣香鲜，现作现吃，冬季最佳。

软炒肉丝面

主料	面条	150克	鲜肉丝	50克
辅料	韭黄段	50克	鲜菜叶	15克
	马耳朵葱	10克	熟猪油	30克
	水豆粉	1克		
调料	白酱油	25克	精盐	0.3克
	味精	1克	胡椒粉	0.1克

制法

（1）将面条放入蒸笼熟透，取出待用，猪肉丝盛碗内，加精盐，水豆粉拌匀。

（2）净锅置中火上，下熟猪油烧至六成油温时，放入肉丝炒散后，加入鲜菜、马耳朵葱、白酱油、胡椒粉、味精、熟面条炒散炒匀，掺入适量鸡汤（或猪骨汤），收干汤汁，加入韭黄段拌匀入盘，配上一小碗汤上桌。

特点　柔软，咸鲜清香，色泽美观，实惠可口。

鸡丝燃面

主料	面条	500克	熟鸡肉	200克

调料 沸熟猪油 100克 芹菜尖 50克
白酱油 100克 香菜 25克
味精 5克 香葱花 15克
酥芝麻面 5克

制法

(1) 将熟鸡肉撕成细丝，芹菜尖、香菜洗净，沥干水分，切成碎末。

(2) 将白酱油、葱花、味精、芹菜末、香菜末、酥芝麻面，分别盛入5个碗内。

(3) 净锅置旺火上，掺清水或沸水烧开，打掉浮沫，放入机制面条，煮至刚熟时，每碗捞入100克面条，放上鸡丝，淋入沸熟猪油，用竹筷拌匀食之。

特点 面条滑爽，咸鲜清香适口。

谭豆花面

主料 面条 1000克 石膏豆花 1000克

辅料 红薯淀粉 20克 油酥黄豆 60克
大头菜粒 60克 盐酥花生米碎粒 60克
葱花 50克

调料 白酱油 180克 红油辣椒 100克
精盐 4克 味精 10克
花椒面 3.5克 芝麻酱 100克

制法

(1) 起卤：红薯粉用清水发湿透后使用。净锅置火上，加清水1000克左右烧沸，倒入水发红薯淀粉浆，勾成二流芡汁，用浅底瓢舀入石膏豆花成厚片块状烧透，用微火保温。

（2）配调味料：将白酱油、芝麻酱、花椒面、红油辣椒、味精、精盐分配到10个碗内。

（3）煮面加辅料：将湿面条抖散，放入沸水锅内，煮熟软，挑入调味料碗内。再舀入100克豆花。撒上酥黄豆，盐酥花生米碎粒、大头菜粒、葱花即成。

特点　麻、辣、香、酥、脆、嫩，面条滑爽适口。

机制嫩豆花

主料　黄豆　200克

辅料　水　13 000克　石膏粉　150克

制法

将黄豆淘洗净，浸泡清水中，泡透心后，黄豆带水放入磨浆机，磨成豆浆。用纱布过滤一次，再将粗粒再磨一次浆汁，再过滤浆汁。豆浆与石膏粉末放入钢精桶内，加水13 000克搅散成豆浆汁，再倒入蒸气钢精桶内，温度约130℃时，直接冲入浆汁。5~8分钟冲开豆浆汁。打开蒸气桶开关，使豆浆流入下面钢精桶内凝结成石膏豆花。按用量舀入碗内，带油酥豆瓣味碟即可食用。

特点　豆花细嫩，色白水清，蘸调味料食之。又称为石膏豆花，在此作为小吃，亦可作菜肴。

翡翠豆花

主料	石膏豆花	500 克		
辅料	嫩豌豆尖	600 克	姜块	15 克
	水豆粉	10 克	葱段	15 克
	好汤	200 克	熟菜油	50 克
调料	精盐	3 克	味精	2 克
	绍酒	6 克		

制法

将嫩豌豆尖洗净，沥干水分。净锅置中火上，下熟菜油烧至五成油温时，加姜块，葱段煸炒出香味，放嫩豌豆尖略炒几下（注意保持其碧绿的颜色），掺好汤、绍酒、精盐，煮断生，拣出姜、葱，舀入成片块的石膏豆花。加味精，烧热入味，勾入水豆粉推转，收稠汁淋上香油，起锅舀入 3 个小碗或 4 个小碗内，每碗为一份。

特点 色泽绿、白相间，质地细嫩，咸鲜味可口。

香辣豆花

主料	石膏豆花	500 克		
辅料	鸡蛋清	100 克	鸡骨架汤	600 克
调料	精盐	5 克	香油	8 克
	味精	3 克	香辣酱	15 克
	五香粉	1.5 克	葱末	10 克
	熟菜油	8 克		

制法

（1）将鸡蛋清调散后，加入冷石膏嫩豆花搅匀，混合为一体。

（2）净锅置中火上，掺鸡骨架汤600克烧开（鸡骨汤备调味碟用）。边搅蛋豆花混合体，使其与蛋豆花凝为一体，起锅入3小碗内。

（3）将香辣酱、精盐、五香粉、熟菜油、香油、葱末、味精，用少量鸡汤调匀，分装3碟。

特点　豆花细嫩，咸鲜香辣，风味别致。

酸辣豆花

主料	石膏嫩豆花	1500克		
辅料	红薯粉浆	7克	盐酥花生米	10克
	酥黄豆	12克	芽菜末	6克
	大头菜末	10克	油炸馓子	15克
	香葱花	8克		
调料	白酱油	12克	醋	10克
	花椒面	1.5克	红油辣椒	15克
	胡椒粉	0.3克	精盐	1克
	味精	5克	香油	8克

制法

（1）净锅置中火上，加开水1000克烧沸。用红薯粉浆勾二流芡，用浅底瓢舀豆花1500克（10份）煮热，再用小火保持70℃，随时供应客人。

（2）先将白酱油、精盐、味精、红油辣椒、花椒面、胡椒粉、香油，分配到 10 个小碗内，舀入豆花 150 克，加入酥黄豆、酥花生米、芽菜末、大头菜末、馓子节、葱花即成。

特点　豆花具有酸、辣、脆、香、鲜嫩滑爽的特色，风味别致。

酱香嫩豆花

主料	石膏豆花	1500 克		
辅料	红薯淀粉	20 克		
调料	精盐	5 克	芝麻酱	60 克
	白酱油	100 克	香油	70 克
	味精	10 克	红油	50 克
	白糖	5 克	香葱花	30 克

制法

（1）净锅置中火上，加开水 800 克，干红薯淀粉 20 克，用水发透。勾成二流芡汁。用浅瓢舀石膏豆花成片块，倒入芡汁内煮热，用小火保温。

（2）将精盐、白酱油、味精、白糖、芝麻酱、香油、红油分配到 10 个小碗内，舀进芡汁豆花 250 克，倒入调味料内。撒上香葱花，由食者自调食之。

特点　豆花嫩气，咸鲜香辣，突出酱香风味。

馓子豆花

主料	石膏豆花	1500 克

辅料	馓子节	500 克	盐酥碎花生米	150 克
	大头菜末	100 克	香葱花	25 克
	红薯淀粉	20 克		
调料	精盐	3 克	芝麻酱	50 克
	白酱油	150 克	红油	70 克
	味精	9 克		

制法

（1）将净锅置中火上，加沸水 800 克，干红薯淀粉 20 克，用水发透，调散，勾入开水内成二流芡汁，用浅底瓢舀豆花 2 厘米～3 厘米厚的片块，放入芡汁内煮热，改用小火保持 70℃温度。

（2）将调味料分成 10 份装入小碗内，舀入芡汁豆花约 200 克，倒入调味料碗内，放上大头菜末、碎花生米、馓子、葱花即成。

特点　咸鲜微辣，酥脆香嫩，爽口味美。

茄汁豆花

主料	石膏豆花	1400 克		
辅料	猪肉汤	700 克	水豆粉	50 克
	姜片	20 克	葱段	25 克
	熟猪油	100 克		
调料	精盐	5 克	番茄酱	80 克
	味精	6 克	白糖	15 克

制法

净锅置中火上，下熟猪油烧至四五成油温时，下姜片、葱段炒几下出香味，再下番茄酱炒出香味，掺猪肉汤或猪骨汤烧出味后，拣出姜片、葱段，加入精盐、白糖，用浅窝瓢舀石膏豆花成片块状入汤汁内煮透，勾入水豆粉，待汁稍稠发亮时，起锅分盛入10个小碗内。

特点 色彩红亮，质地细嫩，甜酸适口。

酸辣开胃豆花

主料	石膏豆花	1500克		
辅料	鸡骨汤	650克	馓子节	120克
	酥黄豆	50克	酥花生米(碎)	60克
	大头菜末	15克	芽菜末	15克
	水豆粉	40克	熟鸡油	50克
调料	精盐	6克	醋	25克
	白酱油	25克	红油	20克
	味精	5克	胡椒粉	1克
	香油	10克	花椒面	2克

制法

(1) 将白酱油、味精、醋、香油、红油、花椒面调匀。

(2) 净锅置中火上，掺鸡骨汤，加精盐、熟鸡油烧开，勾入水豆粉成二流芡汁，用浅窝底瓢舀豆花成片块状，放入芡汁汤内，加胡椒粉，煮热透，分别舀入10个小碗内。调味汁分别放入10个碗内，撒上大头菜末、芽菜末、酥黄豆、酥花生米（压碎）、馓子节、葱花即成。

特点 酸、辣、嫩、脆、香，味道鲜美，开胃醒酒。

枸杞醉豆花

主料 石膏豆花 1000克

辅料 枸杞 150粒　红薯粉 30克
醪糟汁 300克　绍酒 100克
鸡骨汤 500克

调料 白糖 350克

制法

（1）净锅置中火上，加入鸡骨汤500克烧沸，下醪糟汁（汁多糟少），放入湿淀粉勾成二流芡汁，舀入块片石膏豆花1000克烧热保温。枸杞用温水洗去泥沙，入小铝锅加水适量，再加绍酒100克微火煨10分钟待用。

（2）舀入醪糟醉豆花带汁150克以上，再舀绍酒醉枸杞15克淋在上面即成。

特点 豆花形色美观，细嫩，醪香味甜，益气血。

三、炸

成都豆花膏

主料 面粉 500克

辅料 豆腐 250克　鸡蛋 3个
干细豆粉 250克　香菇 50克

金钩 40克　　面包粉 500克

菜油 1500克（约耗90克）　　熟猪油 10克

调料　精盐 6克　　甜炼乳 1碟

制法

（1）将干细豆粉、面粉用清水调匀成面粉浆。豆腐去表皮，用纱布过滤后，放入面粉浆内，调均匀待用。香菇、金钩切成细粒。

（2）净锅置中火上，掺清水适量烧开后，改用小火，倒入面粉豆腐浆，用炒瓢不断搅动，搅至起大泡时，将炒瓢提起有不断的丝状（已成熟）时，加入精盐、香菇粒、金钩粒，搅均匀后，起锅倒入抹有化猪油的方形瓷盘或铝盘内，厚度1厘米左右。晾凉后，用刀改成6～7厘米长（或菱形块），约1.3厘米宽的长块。

（3）将鲜鸡蛋液调散成蛋浆，放入面粉豆腐条与全蛋浆拌均匀，放入面包粉里，用手捏一下，每个粘满粘匀面包粉，即成条胚。

（4）净锅置中旺火上，放入熟菜油烧至七成油温时，轻轻放条胚入油锅内，炸至皮酥，色泽鸭黄成熟时，起锅沥干油，晾凉装盘，带炼乳味碟一碟上桌，蘸甜炼乳食之。

特点　色泽鸭黄，外酥内嫩，甜香可口，特富牛奶芳香风味，为成都现代名小吃之一。

注意事项　此膏的老嫩要适度，质地老了，不好吃，又顶牙；质地嫩，不能成条块。要掌握好面浆的浓度。用水量因气温的不同而有差异。

腰果糁腐糕

主料　白玉豆腐 500 克　鱼糁 200 克

辅料　腰果 80 克　熟猪油 5 克

调料　精盐 3 克　味精 2 克

制法

（1）将白玉豆腐去外皮，用细纱布包上过滤成泥，加精盐，味精拌匀，再放入鱼糁搅拌均匀。取一平盘，抹上熟猪油，放入豆腐糁，用擀面杖擀成 0.5 厘米厚的长方形。

（2）将腰果对剖开，全部按在豆腐糁面上（粘稳为宜），放入蒸笼内，再置中火沸水锅内蒸熟取出。用片刀划成 5 厘米长，3.5 厘米宽的长方块或菱形块。

（3）净锅置中旺火上，下熟菜油烧至七成油温时，放入腰果糁腐糕胚，炸至浅黄色时捞出即成。

特点　形态诱人，外酥内嫩，味美适口。

五香花糕

主料　糯米 500 克

辅料　熟菜油 1200 克（约耗 100 克）

调料　白糖 200 克　熟芝麻 20 克

蜜桂花 15 克

制法

（1）将糯米淘洗净，盛盆内，加水淹过一指，待浸泡透心后，沥去水分，糯米摊开，使表皮水分晾干，用石碓舂成极细的粉，过箩筛筛成细粉，称为“磕粉”。

（2）净锅置旺火上，放入清水约300克烧沸，下磕粉300克即时搅动均匀。待磕粉烫熟时，将干磕粉倒于案板上，再将熟芡起锅倒在干磕粉面上，即时拌和均匀，稍微晾凉，反复揉匀，用滚筒擀成1厘米厚，呈长方形，切成4厘米大的菱形块。

（3）净锅置旺火上，下熟菜油烧至四成油温时，放入磕粉块，炸成色鸭黄、体泡、外酥，起锅沥干油分。

（4）净锅置小火上，加入清水约150克，下白糖溶化，待锅内糖汁冒大泡，还带很多细小泡时，撒入蜜桂花搅拌均匀，锅离火口，再放炸糕块。用手铲不断翻动，均匀地粘上糖汁，撒上熟芝麻即成。

特点 色黄形美，味香气浓，外酥内糯，甜香适口。

注意事项 粉芡要烫熟透，炸时才不发生爆炸，形才美观。炒糖汁时，锅不得粘油，要求锅干净。火不宜大，炒至大泡中带有很密的细泡，粘糖才均匀不落。

窝子油糕

主料	糯米	1000克	白碱	少许
辅料	豆沙馅	500克		
	开水	500克		
	菜油	2500克（约耗75克）		

制法

（1）糯米淘洗净，用清水泡透心，大约两三个小时，入笼蒸熟透，倒入盆内，加沸水，约 10 分钟后，手抹碱油揉糯米团至烂，揪成糯米剂，共 40 个。将豆沙做成 40 个馅心。

（2）锅洗净，置旺火上，倾入菜油烧至七成油温时，将糯米剂按一个窝，放入豆沙馅心包拢，用手掌压成圆团，中间捏成窝形，逐个放入油锅中，炸至鸭黄色时捞起即成。

特点　皮酥馅糯，香甜爽口。

注意事项　油糕下油锅时，凹面向下，不粘锅漏馅。碱油，用白碱和菜油对匀即成。

波丝油糕

主料　面粉　500 克

辅料　枣泥馅　300 克

熟猪板油　1500 克（约耗 350 克）

制作

（1）将锅洗净，掺水 450 克烧开，分次加入面粉 500 克，用擀面杖不断搅动，制成烫面，待面粉在锅内熟透并收干水分后，即铲于案板上，晾凉待用。

（2）将熟猪油 240 克，分 3 ~4 次加入晾凉的烫面团。每加一次油，要揉搓均匀，最后使烫面与油融为一体，再揪成 24 个面剂，馅心分成 24 份，搓成圆心，逐个包馅捏成蛋形，两头稍按平一点。

（3）锅洗干净，炙锅，放入熟猪板油，烧至六成油温，将做好的坯子每次放 4 个于铁丝篓内，入油锅中炸至棕红色，顶端呈现波丝状时提起，轻轻放入盘内即成。

特点 形呈波丝网状，色泽棕红，外酥内糯，香甜可口，为筵席点心之一。

注意事项 掌握好油温，是形成网状的关键。若作为筵席点心之用，放烤盘内，入炉微温熥起待用，保持不冷。馅心一般是用枣泥馅或豆沙馅。

糯米油糕

主料 糯米 1000 克

辅料 精盐 25 克 花椒 25 克

菜油 2500 克（约耗 150 克）

制法

（1）糯米淘洗干净，泡入清水中，刚泡透心，入笼用旺火蒸熟透。第一次上大汽时洒温水，加上盖；又上大汽后再洒温水蒸熟软，倒入盆内，加精盐、花椒及适量的水搅匀，入石碓窝内舂烂，倒入抹上菜油的模具内，按平。晾凉后，翻出置于案板上，切成大小均匀的 20 个长方块坯子。

（2）锅洗净，放菜油烧至七成油温，放入坯子稍炸至微黄，再翻面，炸成鸭黄色起锅。

特点 色鸭黄、皮酥、麻咸味香。

注意事项 洒水适量，达到糯米饭滋润软糯。水分重则不易收汗，炸制后皮不够酥香。

鲜薯油糕

主料　去皮红心薯　4500 克

辅料　面粉　300 克　炒芝麻　150 克

白糖　500 克　熟猪油　150 克

熟面粉　200 克

菜油　1500 克(约耗 250 克)

制法

(1) 将红心薯洗净，切成块，入笼蒸熟，趁热砸茸，晾凉，取熟面粉 150 克一起搅和均匀，揪成 60 个薯剂。

(2) 将炒芝麻擀碎，加白糖、熟面粉 150 克、熟猪油揉匀，制成 60 个馅心。

将薯泥撒一些面粉，按扁包入芝麻馅心，封好口，再按成厚薄均匀的圆饼。

(3) 锅洗净，置旺火上，下菜油，烧至八成油温，投入苕饼炸至鸭黄色起锅入盘即成。

特点　色泽鸭黄，甜香软糯。

风　雪　糕

主料　糯米　1000 克

辅料　大米　250 克　白糖　750 克

饴糖　300 克

熟猪油　500 克(约耗 150 克)

制法

（1）将糯米、大米分别淘洗干净，浸泡透心，沥干水分，加入清水750克左右，磨成米浆，米浆装入洁净布袋内吊干取出，分成200克左右一坨，入笼蒸熟，倒入石碓中用木棒舂茸，起大泡时取出，放在案板上，做成厚2厘米、宽3.5厘米的坯条，晾2～3天后，切成薄片阴干。

（2）炒锅炙锅后，放入熟猪油，烧至八成油温，放入糕片，不断翻炸松泡捞起，沥干油。另换干净锅，置火上，放入清水约300克，加饴糖、白糖，用瓢不断搅动，待呈现大泡起丝时，锅端离火口，再将炸泡的糕片放入锅中揣匀。

（3）将和好糖的糕片放入洁净的木模具内，四周填平压紧，按每边7块切成49块。

特点 糕白如雪，疏松泡脆，甜香适口。

注意事项 糯米、大米分开泡，泡涨透心为宜。白糖、饴糖与水在锅内溶化后，要不停地搅动，待起大泡，糖丝不粘手时，端离火口。

萝卜饼

主料	水油面	200克	油酥面	100克
辅料	去皮萝卜	250克	猪肥瘦肉	100克
	熟猪油	1500克	葱花	5克
	（约耗150克）			
调料	精盐	1克	绍酒	5克
	酱油	5克	味精	0.5克

胡椒粉 0.5 克 香油 10 克
花椒面 0.5 克

制法

（1）水油面和油酥面各揪成10个面剂，先将水油面按成圆形，包入油酥面再按扁，用小擀面杖擀成牛舌形，由外向内卷成圆筒，用手压扁；再从左右两侧向中间折叠为三层，擀成直径5厘米的圆坯皮。

（2）萝卜洗净，切成长3.5厘米的细丝，用精盐少许拌一下，挤干水分待用。猪肉剁成碎粒下锅炒散籽，加绍酒、酱油炒匀起锅，倒入盆中晾凉，加萝卜丝、香油、味精、胡椒粉、葱花拌成馅。将坯皮放于左手心，右手持竹筷挑馅于坯皮中心，包成圆形，封口向下，放案板上按成厚1厘米的圆饼即成。

（3）熟猪油入锅烧至三四成油温，放入圆饼，在小火上炸8分钟~10分钟，边炸边舀油淋饼中间，炸至鸭黄色起锅即成。

特点 皮酥馅嫩，咸鲜可口。

注意事项 馅心以萝卜丝为主，切成细丝。加火腿为火腿萝卜饼，加虾米为金钩萝卜饼。

鲜 花 饼

主料 水油面 200 克 油酥面 1000 克
辅料 玫瑰 20 克 白糖 200 克
面粉 75 克
化猪油 1000 克(约耗100 克)

制法

(1) 鲜玫瑰花洗净去蒂，留花瓣与白糖50克搓成茸泥，再加白糖、猪油、面粉揉匀成馅心。

(2) 水油面与油酥面各揪10个面剂，水油面剂按扁，放上油酥面再按扁，用擀面杖擀成牛舌形，由外向内卷成圆筒，再按平擀长，从左右两侧折叠1/3向中间，共三层，再制作成直径5厘米的圆皮。将馅心包入皮中捏拢，封口向下，用手按成厚约1.3厘米的圆饼，在饼中间点红色花印。

(3) 猪油下锅，烧至三成油温下饼坯，在小火上炸10~12分钟，边炸边用汤瓢舀油淋饼面至饼浮起，表层色白，不浸油，皮酥脆不软时，起锅即成。

特点 色白酥松，香甜可口。

注意事项 鲜花饼起酥名叫“斗笠饼”。没有鲜花，可以用各种甜馅心。

火腿马铃薯饼

主料	马铃薯	600克		
辅料	猪肥瘦肉	250克	熟火腿	150克
	鸡蛋	2个	面包粉	150克
	葱花	50克		
	化猪油	1000克(约耗100克)		
调料	精盐	5克	香油	5克
	酱油	5克	花椒面	1克
	味精	1克	胡椒粉	1克

制法

（1）猪肥瘦肉剁成碎米状颗粒，火腿切成细颗粒，化猪油烧至六成油温，放入碎肉炒散籽，加酱油、精盐炒匀，起锅倒入盆内，加味精、香油、胡椒粉、花椒面、葱花拌为馅心。

（2）马铃薯洗净泥沙，放入蒸笼内蒸炽，取出趁热撕去皮，用铁漏瓢压成细泥，放在案板上揉匀，揪成 25 克重的小块，放于手掌上，中间按一个窝，放入馅心，周围捏拢，再按成圆饼。

（3）将蛋打入碗内用竹筷搅匀，马铃薯饼坯入蛋液中粘满蛋浆，再放入面包粉中滚一转。锅置旺火上，化猪油入锅烧至七成油温，放入饼炸至棕红色时，起锅即成。

特点　外酥内嫩，味咸鲜，营养丰富。

注意事项　马铃薯饼不能炸焦。馅心要包好，不能漏馅。选用干透的面包粉为佳。

荸荠枣泥饼

主料	荸荠	1000 克		
辅料	干糯米粉	100 克	蜜枣	500 克
	核桃仁	100 克	桂花糖	10 克
	化猪油	1000 克（约耗 100 克）		

制法

（1）将蜜枣去核放于案板上，加化猪油 50 克用力搅匀；核桃仁剁成绿豆大的颗粒，加桂花糖、化猪油 50 克，和匀成枣泥馅。

（2）荸荠去皮洗净，入开水中煮一下，用刀剁成豌豆大的颗粒，干糯米粉50克加开水烫熟，与剁好的荸荠揉匀成团。另用50克糯米粉作扑粉，将成团的荸荠粉团按需要的规格揪成若干个剂子，用手按平成圆形，放左手掌上，包入枣泥馅，周围捏拢，按成圆饼，放入七成油温油锅内炸一两分钟即成。

特点　脆嫩爽口，味香甜。

注意事项　不能炸焦。包馅时要捏拢，防止漏馅。没有糯米粉，可用洋芋粉代替。用旺火，油烧至七成油温下饼，不断翻动，使受热均匀。

豆沙红薯饼

主料	红心薯	1000克		
辅料	阴米粉	50克	豆沙	250克
	鸡蛋	1个	面包粉	100克
	菜油	1000克（约耗150克）		

制法

（1）红薯洗净去皮蒸熟透，捣成泥加阴米粉和匀为饼皮。豆沙捏成10个心，鸡蛋去壳，蛋液入碗内，用竹筷搅散待用。红薯泥分成10份，每份包裹豆沙馅，压扁成圆饼，把圆饼裹上蛋液捞起后，再裹面包粉。

（2）炒锅置中火上，放入菜油烧至八成油温，下薯饼，待饼炸至鸭黄色时，捞起即成。

特点　色泽鸭黄，外酥内嫩，香甜可口。

注意事项　选用红心无霉烂的红薯。炸饼时，要掌握火候，不要炸焦。

层 层 酥

主料	水油面	400 克	油酥面	200 克
辅料	蜜玫瑰	25 克	白糖	200 克
	食红	0.2 克	面粉	50 克
	猪板化油	1500 克（约耗 300 克）		

制法

（1）蜜玫瑰用刀剁几下，加化猪油揉匀，再加白糖、面粉、食红，揉匀即成馅心。

（2）水油面揉匀后，揪成 20 个面剂子，油酥面搓成条，揪成 20 个面剂。右手将水油面按成圆皮，再把油酥面包入水油面中按扁，用小擀面杖擀成牛舌形，由外向内裹成圆筒形，再把圆筒按扁，从左右两侧的 1/3 处折向中间，叠成三叠后按扁，将馅心包入捏拢，封口向下，按成厚约 1.3 厘米的圆饼，用刀片沿饼周围划一圈。饼面的中心用食红点上花纹。

（3）锅置小火上，放入猪板化油烧至三成油温时，放入圆饼，炸 10～12 分钟，边炸边用瓢汤舀油淋饼上，炸至浮面起酥时，起锅即成。

特点　色白，层次分明，味香甜。

注意事项　用小刀划饼的周围，不要划着馅心。用纯白色的猪板化油，否则影响色泽。

菊花酥

主料	水油面	250 克	油酥面	125 克
辅料	冰糖渣	50 克	橘饼	50 克
	白糖	200 克	面粉	50 克
	猪板化油	2000 克(约耗 200 克)		

制法

(1) 橘饼切成小颗，加冰糖渣、白糖、面粉、猪板化油 100 克，揉匀即成馅心。

(2) 水油面与油酥面各揪成 10 个面剂，右手将水油面按成圆饼，把油酥面剂子包入水油面中按扁，用小擀面杖擀成牛舌形，由外向内，卷成圆筒，再将圆筒按平擀长，从左右两侧 1/3 处向中间折叠为三层，按成圆饼，包入馅心，封口向下，右手窝起按几下，由外沿至中心逐渐凸起的圆形。

(3) 在圆形的坯子凸面表层上均匀地划八刀，不要划着馅心，成尖瓣形。

(4) 油烧至三成油温时放入饼坯，在小火上炸制，边炸边用小瓢舀油淋饼的中心，炸至皮酥无油浸，色白，形似菊花时起锅即成。

特点　形如白色的菊花，香酥味甜。

注意事项　划瓣时，不要划着馅心。制作时，不能用旺火，以免起酥不佳，或不显现菊花瓣。

凤　尾　酥

主料　面粉　500 克

辅料　猪板化油　250 克　　枣泥馅　400 克

冷水　250 克

熟菜油　2000 克(约耗 250 克)

制作

（1）面粉加冷水制成较软的水调面团，压薄，放入沸水锅内煮熟，取出。用洁净的干白布吸去面团的水分，趁热反复揉搓，分次加入猪板化油，揉搓至猪板化油与面团融为一体后，制成凤尾酥坯皮 20 个。每个坯皮包入枣泥馅心，封口向上，捏成略带尖形的生坯。

（2）锅洗净，下菜油烧至八成油温，将生坯放入铁丝篓内，慢慢放入油锅中浸炸（油要淹没生坯），炸至坯面起丝，色呈棕红，挺拔不塌时，起锅入盘。

特点　色泽棕红，形如“凤尾”，大方美观，香甜可口，为川点的名点之一。

注意事项　面团要煮熟。揉搓面团时，猪板化油要分三四次加入，揉搓得越匀越好，不能有籽粒。生坯在八成油温中浸炸。馅心一般是枣泥馅或豆沙馅。

鸳　鸯　酥

主料　面粉　4500 克

辅料　桂花馅：鲜桂花　40 克　白糖　1600 克

	熟猪油	350 克	炒面粉	150 克
火腿馅：	熟火腿	400 克	绍酒	30 克
	猪肥瘦肉	1500 克	熟猪油	200 克
	胡椒粉	2 克	味精	2 克
	酱油	30 克	葱白粒	30 克
	熟猪油	6000 克（约耗 400 克）		
食红	少许			

制作

（1）鲜桂花和白糖 50 克搓茸，再加白糖、炒面粉和熟猪油拌匀，成为桂花白糖馅心。

（2）将猪肥瘦肉用刀剁碎，熟火腿切成细粒，锅内下油烧至七成油温，猪肉下锅炒散，喷入绍酒，加酱油炒转起锅，晾凉后加入熟火腿粒、味精、胡椒粉、葱白粒拌匀成火腿肉馅心。

（3）将面粉 3000 克，其中 600 克制成烫面，晾冷；其余面粉加熟猪油 400 克揉匀与烫面混合，加适量水揉匀成水油面团，分为两份，一份加少许食红揉匀。每份面团各揪 100 个面剂待用。

再取面粉 1500 克，加熟猪油 600 克制成油酥面团，揪 200 个面剂。

（4）将红、白两色油水面面剂按扁成圆坯皮，将油酥面面剂逐个包入水油面内，按扁后擀成牛舌形，由外向怀里裹成圆筒；将圆筒顺过来再按扁擀成牛舌形，由外向怀面裹成圆筒，横切成两节，刀口向案板立放后擀成圆坯皮，制成红、白色圆坯皮各 100 个。

（5）红色圆坯皮包桂花馅心，折叠成半月形，捏紧交口处；按上法将白色圆坯皮包火腿肉馅心。然后取红、白色半月形各一个合拼靠拢成圆月形，将接头处交叉搭牢捏紧，用手指捏成花边待用。

（6）锅洗净置火上，下熟猪油，烧至四成油温，将锅提起，放饼25个，用小火炸至酥，入盘内即成。

特点　红白两色，咸甜二味，形似鸳鸯，别具风格。

注意事项　火腿肉馅，调味适口，咸味不宜偏大。起酥花纹都要捏紧。火力不宜过小，油温保持在四成左右。

眉　毛　酥

主料	面粉	5000克		
辅料	白糖	1500克	芝麻	250克
	冰糖	200克	橘红(蜜饯)	160克
	熟猪油	6000克(约耗300克)		

制法

（1）面粉1500克，加熟猪油600克和匀，揉制成油酥面团，揪成100个面剂。另用面粉600克制成烫面，与面粉2400克混合一起，加熟猪油300克和适量清水，揉制成水油面团，揪成100个面剂。

（2）馅心：面粉500克炒熟，加白糖1500克，熟猪油200克，芝麻炒酥擀碎，橘红（蜜饯）切细，冰糖砸成细粒，共同拌匀待用。

（3）将水油面面剂逐个按扁，把油酥面剂包入水油面剂内，擀成牛舌形，由外向怀面卷裹成筒，顺筒对破，切口朝下，分别将两头向上翻转压平，擀成圆坯皮，包入馅心，折叠成半月形，将边沿用手指捏紧并捏成花边。

（4）锅洗净置火上，下熟猪油烧至四成油温，将锅提起，放饼坯25个入锅，花边朝上，再将锅置火上，炸至酥松，起锅即成。

特点 色白酥香，形似弯眉，为席点之一。

注意事项 封口处捏紧，花边捏紧。油温一定要保持在四至五成。

百 合 酥

主料 水油面 3000克 油酥面 2000克

馅料 桂花馅 1500克

熟猪油 7000克（约耗1600克）

制法

（1）将水油面和油酥面分别揪成面剂，水油面逐个压薄，包入油酥面，擀成长约50厘米的椭圆形，由前向后卷裹成筒，再顺筒擀成长约20厘米的椭圆形，用手对折成四叠，压成中厚边薄的皮，包入桂花馅心，再搓成圆锥形（交头在底部）。用刀在尖端交叉划两刀至半腰处为止。

（2）平锅洗净，加入熟猪油烧至三成油温，将锅提起，放半成品约25个，入油锅浸炸，待出现层次后，再用汤瓢舀油反复淋饼上，将锅放回火上，继续舀热油淋饼上，使之受热均匀，如此反复两三次，炸至酥脆、开花、色白时起锅。

特点 颜色洁白，形似百合，酥脆香甜，桂花味浓郁。

注意事项　水油面坯皮包油酥面后，交头处要捏紧。刀划半成品时，刀深不得超过0.33厘米，以不伤及馅心为度。注意掌握油温，使半成品受热均匀。

莲　花　酥

主料　面粉　5000克

辅料　白糖　1750克

熟猪油　7000克(约耗2500克)

食红　少许

制法

（1）用面粉1500克，加熟猪油600克，制成油酥面团，并揪成100个面剂。再取面粉3500克，用700克制成烫面，其余的面粉加熟猪油300克和适量的水，与烫面一起揉制成水油面团。取1/2揪成100个面剂，留下的面团加少许食红揉匀，揪成100个面剂待用。

（2）取红、白两种面剂压平，分别包入油酥面剂，成红、白两色坯皮，并列放置，擀成长约25厘米的两个椭圆形，分别由前向后卷裹成筒，掉转90度，再顺筒擀成长约20厘米的两个椭圆形，分别对折后再对折成四叠，白的坯皮擀薄，将红色的（注意交头处朝上）包在白色的坯皮里，再压成厚约1.4厘米的圆饼，用刀在饼面均匀地交叉划三刀，双手持饼轻轻向下掰一下，使刀口分开。

（3）锅洗净，下油，烧至三成油温，将锅提起，放入饼坯20个，再将锅置火上，炸至开始起酥后，火力稍大一些，炸至酥脆，起锅入盘，在花瓣之间撒上少许白糖即成。

特点 外白里红，像盛开的莲花，酥脆香甜。

注意事项 烫面冷后，才加入水油面揉匀。用刀在饼面上划三刀（深0.66厘米），成六瓣花纹，大小均匀。油锅内下饼不宜过多，防止碰挤，影响外形美观。油温不宜过高。

韭菜盒子

主料	面粉	500克	油酥面	200克
辅料	猪肥瘦肉	500克	小苏打	1克
	韭菜	150克	化猪油	50克
	菜油	1500克(约耗150克)		
	冷水	500克		
调料	精盐	2.5克	香油	10克
	酱油	25克	味精	1克
	绍酒	15克	胡椒粉	1克
	花椒面	1克		

制法

（1）猪肥瘦肉洗净，剁成碎米，韭菜洗净切成碎颗粒。

（2）锅洗净，置中火上，下熟猪油烧至四成油温，下肉炒散籽，喷入绍酒，再加精盐、酱油炒匀起锅，放入大碗内加香油、味精、花椒、韭菜等拌匀成馅心。

（3）锅内掺入清水烧开，加入面粉烫熟起锅，加苏打揉匀，用手将烫面团按平，把油酥面包于中间，再按扁擀成0.5厘米厚的圆皮，厚薄必须一致，然后由外向内，裹成圆筒，搓成直径约3厘米的小圆条，用刀切成70个剂子。

（4）取坯皮二张，用手分别压成直径约6厘米的圆皮，左手持圆皮一张，将馅放于中间，用另一张皮盖上面，然后将两张圆皮捏拢捏紧，并沿边捏成绳状花纹。

（5）生菜油放旺火上炼熟，端离火口，待油温降至六七成时，再放火上炸饼，炸至棕红色起锅即成。

特点　酥脆爽口，馅嫩鲜香。

注意事项　宜热吃，才能体现其特点。所用烫面要比其他品种的烫面软些，才便于起酥。

糖油果子

主料	糯米	100克	大米	250克
辅料	菜油	1500克（约耗120克）	小苏打	5克
	红糖	250克	熟芝麻	100克

制法

（1）糯米和大米用清水淘洗干净，再换上清水泡10小时（勤换水），然后用石磨磨成浆，愈细愈好，盛入布袋中压干水分，即成湿粉子。

（2）从布袋中取出湿粉子，揉散加入适量清水与苏打，用手揉匀，搓成长条，揪成约25克重的圆形米粉剂，左手持剂，右手大拇指在粉子中心按一个窝，使其厚薄均匀，内空，再用手指封好口。

（3）锅置旺火上，下菜油烧至五成油温，放入红糖熔化成糖油后，一一放入封好口的油果坯子，改用中火翻炸后，轻轻推动油果子，使其互不粘连，炸至棕红色起锅，放入准备好的熟芝麻簸箕内，使糖油果子粘上芝麻即成。

特点 色泽红亮，皮脆心空，香甜可口。

注意事项 糯米与大米的用量要注意比例。米浆要细。

白糖酥卷

主料 糯米 5000克

辅料 菜油 1000克（约耗250克） 白糖 400克

制法

（1）将糯米淘洗净，用清水浸泡过心，其中换一二次清水，用石磨磨成米浆，吊干水分，然后加入80克白糖，反复揉匀成糯米粉团，让白糖溶化半小时后，揪成50个面剂，捏成长约8厘米、宽约3厘米，压成扁形的坯皮，再裹成卷坯。

（2）锅置中火上，放入菜油，油温烧到160℃～180℃时，放入湿糯米粉卷坯，从锅边放入油中，炸成鸭黄色起锅入盘，撒上白糖即成。

特点 色泽鸭黄，外酥内嫩，甜香爽口，宜于热食。

注意事项 搓条时不要搓得太光滑，以免炸时不易排气，外热内冷，容易炸裂溅油。夏天，湿糯米粉中不宜加糖，防止水分过量，容易黏结。锅里油温不宜过高，以防止外焦内生，或卷坯入油锅，骤遇高温，溅油伤人。

玫瑰薯枣

主料　红心薯　500克

辅料　干糯米粉　150克　　干豆粉　50克

菜油　500克（约耗60克）　白糖　200克

玫瑰　15克

制法

（1）将干豆粉用面杖擀细，将红薯洗净去皮，去两头，切成厚0.65厘米的圆片，用清水漂一下，入笼蒸熟软，晾凉，捣成泥，加糯米粉125克揉匀，用手抟成李子大的圆形，再捏成枣子形，裹上干豆粉入盘中。

（2）炒锅置小火上，下菜油烧至六成油温时，下苕枣入锅中，慢火翻炸，炸成鸭黄色起锅入盘。同时用白糖、玫瑰和开水100克搅匀，入干净锅内，待糖化后，加入糯米粉25克，勾二流芡，推匀，淋入炸好的薯枣上即成。

特点　色泽鸭黄，外酥内糯，香甜可口。

注意事项　掌握火候和油温，慢火翻炸，炸熟后逐步成鸭黄色。

白糖麻圆

主料　糯米　4000克

辅料　籼米　500克　　白糖　1500克

熟面粉　400克　　红糖　400克

炒芝麻　100克

菜油　2500克(约耗180克)

制法

(1) 将糯米和籼米淘净，泡入清水中，中途换水一两次，米粒发胀后，磨成米浆汁，用白布口袋吊浆，压干，揪成200个糯米粉剂。

(2) 白糖与熟面粉400克揉匀，揪成200个馅心，将糯米粉剂按扁，包入馅心，捏成圆形。

(3) 锅洗净，放入菜油，烧至四成油温，加入切细的红糖，陆续从锅边下糯米粉圆，边放边推动，用锅铲不断地从锅底向上推动，油果向两边分开，防止粘连。炸10分钟左右，待油果浮起，表皮酥脆，捞起入盘，均匀地裹上炒芝麻即成。

特点　色泽棕红，外酥内嫩，香甜适口。

注意事项　芝麻淘洗干净，烘干，炒熟。改用红糖制馅心，称为红糖麻圆。不包红白糖馅心，将糯米粉剂子捏圆后，用拇指在剂子中心按个“凹”形，使四周厚薄均匀，然后封好口，直接入锅炸制，炸好起锅裹满芝麻，则称糖油果子。

麻　　花

主料　面粉　5000克

辅料　红糖　700克　　苏打　25克

菜油　4000克(约耗1000克)

制法

(1) 将面粉倒在案板上，红糖切碎，加苏打粉，用温水发散，和面时加入一起揉匀，反复揉熟，揪成 100 个面剂。将每个面剂抹一点菜油搓成 10 厘米长的圆条，码成“三叠水”，用湿布盖起饧 20 分钟，使其发软。

（2）案板上抹菜油少许，取一条面剂，用双手搓成粗细均匀，长短一致的长条，左手将两头合拢提起，自然绞成绳索形状，又按 1/3 的比例，双手搭成三股，左手拇指穿在右手拇指的下边，再用右手提起绞成麻花坯子。

（3）锅洗净，放菜油烧至七八成油温，将坯子下油锅炸，待浮面时，用长竹筷翻动，炸成棕红色捞出麻花，边做坯子边炸，炸完为止。

特点 颜色棕红，甜香酥脆，爽口化渣。

注意事项 搓麻花时，左手向内，右手向外。掌握好油温，一般烧至七八成油温之间，油温不能过高。

馓 子

主料 面粉 5000 克

辅料 明矾 95 克　纯碱 65 克

菜油 4000 克（约耗 1000 克）　精盐 35 克

制法

（1）将面粉倒在案板上，中间刨一个坑。用冷水 3000 克左右，加入明矾，溶化后，再加精盐、纯碱，边和粉边加水，和匀后反复揉匀成面团，再分成四五份，分别搓成约 2 厘米的粗条，撒上扑面粉，饧约 30 分钟。

（2）将饧好的面团再搓成约 1 厘米粗的长条，盘在案板上，再饧约 30 分钟。

（3）将锅洗净，下菜油烧至七成油温时，右手持面条一端，环绕在左手四指上，绕至六圈半时，折断。取竹筷一双，一只插入上端，一只插入下端，轻轻拉动筷子，使面坯条拉成细条，拉长约30厘米时，下锅先炸两头，再将中间稍炸后立即折叠拢来，再炸一下，呈棕红色起锅即成。

特点 色泽棕红，香脆可口，为民间小吃之一。

注意事项 揉面团时，反复多次，揉至面团成熟，才有筋力不断。面条在双手绕圈时，要边绕边用力拉长。

油条

主料 面粉 500克(按成品10条计算)

辅料 明矾 6.5克　小苏打 7克
精盐 9克　清水 300克
菜油 200克(约耗100克)

制法

（1）明矾碾细过筛与精盐、小苏打一同放入盆内和匀，加清水用手搅匀，使其溶化，待水面起气泡后，下入面粉揉至面团不粘手、不粘盆、表面光滑为止。然后将面团置案板上，撒少许扑粉，搓成细条，表面抹适量菜油，饧30分钟待用。

（2）将饧好并已搓成条状的面坯，用右手捏住两头，左手托着面坯条中部，两手配合抖动抻拉，把坯条拉至9厘米宽、1厘米厚的长条，共20条，再将两条重叠，用一根竹筷顺着坯条压一下。然后用双手分别捏住坯条的两端抻拉成约25厘米长，将其从锅边沿轻轻放入烧至八成油温的油锅炸制，待油条浮出油面时，用长竹筷将其夹伸，并不断翻动油条，炸至酥泡成鸭黄色即成。

特点 色泽鸭黄，酥泡爽口。

注意事项 面团要揉熟，掌握好饧面的时间。出条时，应注意坯条的宽窄、厚薄，刀口处不能相互粘连。炸制油条的油温220℃～225℃之间为最佳。以上用料为成都地区，其他地方应根据水质等不同情况酌情增减。

酥腐皮角

主料	绞肉	200克	豆腐皮	3张
辅料	虾米粒	30克	葱粒	30克
	香菇粒	45克	荸荠屑	30克
	白酱油	10克	绍酒	5克
	白糖	2克	胡椒粉	0.1克
	精盐	2.5克	水豆粉	15克
	香油	3克	面粉糊	30克
	菜油	1000克(约耗90克)		

制法

（1）净锅置中火上。下菜油40克，烧至四成油温，放入绞肉炒散，加香菇、虾米、荸荠、葱粒炒匀炒香，加白酱油、绍酒、白糖、精盐、胡椒粉、并加开水30克炒匀，淋入水豆粉推转起锅成馅心。

（2）豆腐皮每张横切成3厘米～4厘米宽长条，用来卷裹15克的馅心，包成三角形小包，封口处用面粉糊粘牢。

（3）将净锅置中火上，下菜油烧至八成油温，放入三角形小包慢火炸 2 分钟左右，至皮酥色黄时，捞出装盘，可醮椒盐或番茄酱食之。

特点 色泽金黄，皮酥馅嫩，醮调味叶食之，别有风味。

四、炒

三 合 泥

主料	糯米	250 克	大米	100 克
	黄豆	150 克		
辅料	白糖	250 克	熟芝麻面	50 克
	核桃仁	50 克	花生仁	50 克
	蜜玫瑰	10 克	化猪油	250 克
	其他品种的蜜饯	90 克		

制法

（1）糯米、大米淘洗干净，在 80℃ 水中焯一水，用漏瓢捞出，湿布盖上闷 1 小时，用小火将米炒至淡黄色。黄豆洗净后，用中火炒熟，晾冷，同炒米一起磨成粉。将核桃仁、花生仁用油炸至酥脆，去净皮衣剁碎，蜜饯剁为碎颗粒。

（2）沸水 700 克，下白糖，蜜玫瑰等熬成汁，将米和黄豆磨出的粉，缓缓倒入汁中，用中火将粉搅匀，成泥糊状时，即为三合泥半成品。

（3）炒锅置中火上，加化猪油熔化后投入三合泥半成品翻炒，收干水汽出香味，并开始吐油时，加入芝麻面、核桃仁、花生仁及其他蜜饯碎颗粒，翻炒均匀，起锅即成。

特点　酥糯滋润，香甜可口，营养丰富，老少皆宜。

注意事项　掌握用料秩序，火力不宜过大，防止炒焦。

什锦炒面

主料	炒面（条）	300 克		
辅料	猪肥瘦肉	50 克	熟猪肚	15 克
	熟猪舌	15 克	熟猪心	15 克
	鸡肉	15 克	水发玉兰片	15 克
	韭黄	25 克	混合油	50 克
	净鲜菜	50 克		
调料	马耳朵葱	15 克	白酱油	25 克
	精盐	2.5 克	胡椒粉	1 克
	味精	1 克		

制法

将猪肥瘦肉，鸡肉，熟猪肚、舌、心，水发玉兰片，均切成约 2 厘米长、0.3 厘米宽的条片，韭黄切成约 2 厘米长的节。炒锅置旺火上，加油，烧至六成油温时，放入猪肉、鸡肉炒散籽，再加其他辅料炒匀，掺入鲜汤，烧沸捞起。炒面（条）下锅煮软，捞于盘内；将烧入味的各种辅料再放入锅内，加调料烧入味，起锅淋在面上。

特点 质地柔和，滋味鲜香，营养丰富，老少咸宜。

注意事项 炒面的水分不要太重；炒面（条）用量可酌情掌握；辅料是可以变换的。

提丝发糕

主料	发面	600 克		
辅料	白糖	200 克	蜜桂花	6 克
	白芝麻	25 克	熟猪油	400 克
	饴糖	50 克	纯碱	6 克

制法

（1）发面加入白糖 100 克、猪油 100 克及纯碱、饴糖反复揉匀成面团，用湿纱布盖好饧 20 分钟。

（2）白芝麻淘洗干净，炒酥擀碎。

（3）将饧好的面团再揉搓一下后擀成薄面皮，均匀地刷上熟猪油，由外向内卷成圆筒，搓成小手指粗的条，切成 1 厘米粗，约 22 厘米长一段的丝，均匀地排列入笼内，用旺火沸水蒸 8～9 分钟，取出抖散，即成糕丝。

（4）炒锅洗净，置中火上，放熟猪油烧至六成油温，下糕丝轻轻翻炒转，炒至猪油浸透糕丝后，将锅离开火口，撒上白糖、芝麻面、蜜桂花，用筷子轻轻和匀起锅即成。

特点 味香甜，质柔润，油而不腻。

注意事项 在和面时，一定要将饴糖、白糖、熟猪油与发面揉匀。制糕丝时，切丝要均匀。炒糕丝时，火候不宜过旺，油温不宜过高。

芝麻糕

主料　芝麻　1000克

辅料　白糖　500克　熟猪油　400克

制法

（1）芝麻淘洗干净，捞起晾干，入微火锅内炒酥，取出晾凉，擀成细粉末。

（2）将芝麻粉末倒于案板上，中间刨一个坑，放入白糖，熟猪油，用手揉匀后铲入糕盒内，用板压紧，切成50克重的方块，提去糕盒，铲入盘。

特点　芳香扑鼻，酥甜爽口，配冷饮之佳品。

玉米糕

主料　玉米　4000克

辅料　白糖　1500克　熟猪油　1400克

蜜樱桃　500克　蜜瓜砖　250克

熟芝麻　500克

制法

（1）选用白玉米淘洗干净，阴干，加工成玉米花，磨成细粉末。熟芝麻碾成面，蜜瓜砖、蜜樱桃切成细小颗粒。

（2）玉米粉中加入白糖、熟猪油、芝麻面揉匀，放入糕箱架内，用铲拨平，撒上蜜饯，压平压紧成糕，切成方块即成。

特点　色白、甜香、爽口。

注意事项　玉米花要去净泥沙；玉米糕可加食黄。

五、烤

芙蓉饼

主料	面粉	5000 克		
辅料	白糖	2500 克	鸡蛋	750 克
	熟猪油	1000 克	橘红	250 克
	饴糖	1700 克	炒芝麻	400 克
	纯碱	15 克	食红	少许

制法

（1）蒸笼内垫上纸，放入面粉 1000 克，置旺火沸水锅，蒸熟后倒入鉢内，加白糖 2000 克，熟猪油 500 克，饴糖 200 克，炒芝麻 400 克，橘红 250 克，加几滴食红拌匀成馅，分成 5 份。

（2）用面粉 4000 克，加鸡蛋 750 克（留 3 个蛋黄待用），白糖 500 克，熟猪油 500 克，饴糖 1500 克，纯碱 15 克，拌匀后轻轻揉制成蛋液面团，将蛋液面团分成同样大的 5 份，分别擀成长 43 厘米，宽 33 厘米的面皮，铺上一层馅心，顺长度靠怀面的边留出 3. 3 厘米的边不铺馅料，刷上一些水，由外向怀面卷裹成圆筒形。

（3）用片刀切成20个圆饼，放入刷有熟菜油的烤盘内，在面上刷一层蛋黄，放入烤灶或烤箱内烘烤成熟。

特点　色泽鸭黄，形似芙蓉，香甜酥脆爽口。

注意事项　没有橘红，可以用冰糖250克；掌握好烤的温度和时间。

橘　子　酥

主料	面粉	5000克		
辅料	白糖	2000克	熟猪油	1250克
	鸡蛋	1000克	炒芝麻	250克
	橘红	250克	饴糖	500克
	纯碱	15克	食红、食黄	少许

制法

（1）取面粉500克，放入蒸笼内（垫上纸），蒸熟后倒案板上，晾冷后用手捏散，加白糖1000克、熟猪油350克、橘红（切成颗粒）、炒芝麻拌匀，搓成100个馅心。

（2）取面粉1500克，加入熟猪油300克、白糖1000克、饴糖500克、鸡蛋1000克（留7个蛋黄待用）和纯碱15克，和匀后轻轻揉匀成蛋液面团，制成条坯，揪成100个面剂，并包入馅心待用。

（3）取面粉1000克，加熟猪油400克，制成油酥面，揪成100个面剂；再取面粉2000克，加入熟猪油200克，与适量的水和少许食红、食黄（调成橘红色），制成油水面团长条坯，并揪成100个面剂。油水面剂压薄，用油水面包油酥面，擀成长约20厘米的椭圆形，由前向后卷裹成筒，将筒对折后擀成薄皮，包入已包好馅心的蛋液面坯，再压成厚约2厘米的圆饼，用刀在饼的表面上划三刀成均匀的六瓣，放入刷好油的烤盘内，并在饼面上刷上一层蛋黄液，入烤灶或烤箱烤熟即成。

特点 形色如橘，香甜酥脆。

注意事项 芝麻炒酥擀碎，食红与食黄调成橘红色；用刀在橘子酥的半成品上划瓣时，刀深约0.33厘米，不要伤馅心。

腰子酥

主料	面粉	5000克		
辅料	白糖	2000克	熟猪油	1250克
	饴糖	500克	炒芝麻	250克
	橘红	250克	鸡蛋	1000克
	纯碱	15克		

制法

（1）将面粉500克倒入垫有草纸的蒸笼内，蒸熟后取出捏散，筛去粗粒后加入白糖1000克、熟猪油350克、橘红250克（切成细颗）、炒芝麻250克（擀细）拌匀，制成100个馅心待用。

（2）面粉1000克加入熟猪油400克，揉制成油酥面团，揪成100个面剂待用；再用面粉2000克，加入熟猪油200克和适当的水，制成油水面团，揪成100个面剂子待用；又用面粉1500克、熟猪油300克、白糖1000克，饴糖500克、鸡蛋1000克（留3个蛋黄待用），和纯碱15克，轻轻揉匀成蛋液面团，揪成100个面剂，并包入馅心待用。

（3）油水面剂压薄，将油酥面剂包入，擀成椭圆形，由前向后卷裹成筒，将筒对折后擀成薄皮，包入已包馅心的蛋液面坯，再压扁成猪腰子形，在面上纵划一刀，深约0.35厘米。放入刷油的烤盘内，刷一层蛋黄后烤熟即成。

特点　形似猪腰，颜色鸭黄，酥脆甜香。

注意事项　熟猪油用冷油为好，用热油则易脱壳，形不美。须经过30分钟的“擦酥”，才能收到良好效果；掌握烘烤的温度，最好先试烤，待掌握好温度和烘烤的时间后，才成批烘烤。

葱　油　饼

主料	面粉	5000克		
辅料	熟猪油	150克	猪网油	600克
	精盐	150克	葱花	400克
	胡椒粉	15克	味精	15克
	芝麻	80克	碱	30克
	菜油	50克		

制法

（1）面粉5000克调制成二生面，加熟猪油、碱反复揉匀，搓成条，揪面剂100个。

（2）猪网油剁碎，加味精、胡椒、精盐拌匀。将面剂擀成窄长椭圆形，涂抹网油，撒葱花，对折拢来，由前向后卷裹成筒，用手掌压扁，再擀成约2厘米厚的圆饼。

（3）平锅烧热，抹菜油，将饼面放平，撒芝麻少许，加盖烤熟，或入烤箱烤熟即成。

特点 饼质酥松，葱味鲜香。

注意事项 二生面的制法请参看第四章第一节“水调面团”；掌握烤灶或烤箱的温度和时间，试烤成功后，才大批烘烤。

椒盐包酥

主料	面粉	5000克		
辅料	熟猪油	750克	精盐	100克
	炒芝麻	500克	花椒面	50克
	红糖	50克		

制法

（1）取面粉1500克，加熟猪油600克制成油酥面团，并揪成100个面剂。再取面粉1500克，用1/2制成烫面，烫面晾冷后，加入留下的面粉制成三生面团；取2000克面粉，包括老酵面，再制成发酵面团。将发酵面团和三生面团加入碱、精盐、花椒面揉匀后，揪成100个面剂。

（2）发酵面剂压扁包入酥油面剂后擀成长20厘米的椭圆形，叠成四叠，并用手抟圆后再擀成1厘米厚的圆饼。

（3）将芝麻与红糖拌和均匀，撒一部分在簸箕内，放入20个饼，转动簸箕，使芝麻均匀地粘在饼上。

（4）平锅洗净，置火上，抹上油，放入圆饼，加盖烤熟或放入烤盘烤成熟。

特点　色泽鸭黄，咸麻香酥适口。

注意事项　掌握好制作油酥面、三生面和发酵面团的质量；烘烤时，掌握好温度，防止烤焦。

芝　麻　酥

主料	面粉	4500 克	芝麻	900 克
	熟猪油	1650 克	白糖	2000 克
	炒面粉	200 克		

制法

（1）取白糖 2000 克、芝麻 600 克炒熟擀碎、炒面粉 200 克、熟猪油 600 克制成馅心。

（2）取面粉 1500 克，加入熟猪油 750 克制成油酥面团，揪成 200 个面剂。

（3）取面粉 3000 克，熟猪油 300 克，制成水油面团，揪成 200 个面剂。

（4）将油酥面剂搓圆作心，水油面剂擀薄为皮，包成包子状，压扁擀成长约 20 厘米的椭圆形，由前向后卷裹成筒，将筒对折压平擀薄，包入芝麻白糖馅心，再压成 1 厘米厚的圆饼。

（5）将芝麻 300 克用冷水浸胀，去净灰渣，捞出沥干水分，放入簸箕内散开，将油饼面朝下，转动簸箕，使芝麻粘匀。将芝麻饼置于烤盘内，放进烤灶或烤箱，烤熟起酥即成。

特点 酥香味甜，芝麻香味特浓。

注意事项 每次放饼20个入簸箕内，轻轻转动，使其均匀地粘上芝麻；粘上芝麻的一面朝上，放入烤盘；掌握烤的时间和温度，防止烤焦。

白茶酥

主料	面粉	5000克		
辅料	熟猪油	1750克	白糖	1750克
	炒芝麻	400克	橘红	500克
	饴糖	500克		

制法

（1）蒸笼内垫纸，面粉400克蒸熟，倒入盆内，加白糖，炒芝麻擀碎，橘红切碎，饴糖、熟猪油750克，拌匀成馅料。

（2）取面粉2300克，加熟猪油500克，反复揉制成油酥面团，揪成100个面剂；再取面粉2300克，加熟猪油500克，水7500克，制成水油面团，揪100个面剂。

（3）将油酥面按成圆形，水油面擀成薄皮，包着油酥面成包子状，压扁，擀成长椭圆形，由前向后卷裹成筒，将筒对折，包入馅心，再压平擀成约1.3厘米厚的圆饼，用梳子压成花纹，饼面中间着色花，装入烤盘，入烘灶或烘箱烤熟即成。

特点 色泽洁白，式样大方，酥脆香甜。

注意事项 饼面可用模具印花或其他图案；烤灶或烤箱火力均匀，切勿温度过高；可以改为小白茶酥，1个改为2个。

蛋 条

主料	面粉	5000克		
辅料	白糖	1250克	熟猪油	800克
	饴糖	1500克	芝麻	400克
	鸡蛋	750克	菜油	100克
	橘红	250克	纯碱	15克

制法

（1）面粉1000克，放入垫有草纸的蒸笼内，蒸熟后，倒入钵内加白糖750克、熟猪油400克、饴糖200克、芝麻400克、橘红250克，拌匀成馅料。

（2）面粉4000克加鸡蛋750克（留3个蛋黄待用）、白糖500克、熟猪油400克、饴糖1300克、纯碱15克拌匀后轻揉成蛋液面团。3个蛋黄加菜油50克，调匀待用。

（3）用擀面杖将蛋料面团（留2000克做花）擀成厚约3.5厘米的皮，用刀切成宽6.5厘米，长50厘米的条待用。

（4）烤盘刷上一层菜油，将长条面皮平铺，边缘刷一层蛋黄液后，取用一部分蛋液面团搓成约0.66厘米粗的长条贴上，将馅料平铺在中间，并在馅料上平行放置两根长条。另取一部分蛋液面团，擀成厚约0.50厘米的薄皮，用带花边的铁皮模具，将薄皮制成一块块花皮，贴在两根平行长条上（均匀地贴5个花皮），再刷一层蛋黄液后，入烤箱烤熟后取出，每条改成5块（注意所贴的花皮在中间）即成。

特点　色泽鸭黄，香甜适口，式样大方。

烤　方　酥

主料	面粉	5000克		
辅料	熟猪油	1250克	白糖	1500克
	熟芝麻	200克	生芝麻	50克
	酵面	50克	白碱	10克

制法

（1）干酥：面粉750克，倒入锅内，置微火上炒干水汽，加入熟猪油800克，炒匀成团，分成10团待用。

（2）制馅：白糖、熟芝麻、熟猪油（200克）拌匀。

（3）面粉1000克，清水400克，酵面50克拌和均匀，反复揉匀成面团，置于20℃～25℃的温度下进行发酵，90分钟左右，即成子发面待用。

（4）余下的面粉，加清水1200克，熟猪油250克，子发面1000克搅拌均匀，加入白碱10克揉匀，分成10份，将每份抟圆按扁，内包干酥，封口后擀成长方形，厚约0.65厘米，由外向内卷成圆筒，揪成10个面剂，再将面剂按成直径约5厘米的坯皮，包馅心20克，捏紧封口，正面粘少量生芝麻，擀成直径约5厘米的方块，放于鏊子上炕，先炕有生芝麻的一面，后再翻炕另一面，稍定型，再放进炉壁烤至鸭黄色即成。

特点　这是南部县的名小吃。具有色泽鸭黄，酥脆香甜，入口化渣等特色。

注意事项　掌握火候，要求不焦；子发面发酵时，注意保持室内温度。

六、烙、烘、煎

芝麻洗沙饼

主料	面粉	5000 克		
辅料	红糖	1500 克	白碱	50 克
	豆沙	1500 克	酵面	500 克
	熟菜油	250 克	芝麻	100 克

制法

（1）面粉加酵面和温水揉匀，待成微微发酵的面团时，加入白碱揉匀，按需要的分量揪成面剂。

（2）红糖切碎，加豆沙和少许菜油揉匀为馅。将面剂揉熟，包上洗沙糖馅按圆，并成窝形，粘上芝麻，即成半成品。

（3）待鏊子烧热，刷上菜油，将半成品两面烙黄后，放入炉内烘至熟。

特点　香甜、爽口，芝麻香气浓郁。

注意事项　烙、烘注意翻面，勿焦；包洗沙糖馅注意封口，防止漏馅。

牛肉焦饼

皮料	面粉	5000克	碱	80克
	开水	2500克	牛油	500克
	生菜油	1700克		
馅料	牛肉	5000克	醪糟汁	100克
	精盐	30克	豆瓣	50克
	豆腐乳汁	50克	酱油	50克
	花椒面	100克	生姜	80克
	五香粉	30克	葱	3000克

制法

（1）将面粉倒在案板上，刨一个坑，碱放入沸水溶化后，舀沸水烫制“三生面”，在案板上摊开微晾一下。将牛油熬化，加入生菜油300克、面粉适量制成油酥面，均匀地抹在烫面块上面起酥。

（2）牛肉洗净，去净筋，剁成细粒，生姜与花椒混合剁细，加入醪糟汁、精盐、豆瓣、豆腐乳汁、酱油、五香粉和匀。包馅时，临时加入葱花拌匀即成。

（3）将起了酥的面块卷裹成条，揪成200个以上面剂，揪面剂时，用手转动一下（使之不会裂缝），用手按扁成包皮坯，放入馅心，右手五指慢慢地将包皮坯捏拢封口，按扁成饼状。平锅置小火上，倒入少量菜油抹刷平锅，放入饼烙烤，适时翻面，待两面烙烤成棕黄色即成。亦可用煎炸方法，使之至熟，两面呈棕黄色。

特点　色泽棕黄，酥脆清香。

注意事项　烫面另一制法，用面粉 500 克，沸水 100 克淋于面粉内，迅速和匀揣散，再撒清水 150 克左右，揉擦均匀，又可制作子面牛肉焦饼。烫面用水量四季不同，每 500 克面粉，春季、秋季用开水 230 克；冬季约 300 克；夏季约 220 克。

猪　肉　饼

主料　三生面　1000 克　　菜油酥面　150 克

辅料　熟菜油　300 克　　火腿肉馅　1000 克

制法

（1）将三生面揉熟后，均匀地揪成 40 个面剂，按扁，擀成“牛舌片”形，抹上菜油酥面，由外向怀内卷成圆筒，按成饼，包馅 25 克，封口捏拢，再按成直径 5 厘米的圆饼。

（2）平锅加油，烧至五成油温，将饼快速铲下锅，烙至底面起酥皮，翻面，烙成蛋黄色至熟，铲起入盘。

特点　饼酥脆，馅鲜香，色泽美观。

注意事项　三生面、酥面制法，参看第四章“面团调制”；火腿肉馅制法，参看本章第一节“鸳鸯酥”，不用葱花；掌握火候。注意适时翻面，防止烙焦。

黄　　粑

主料　糯米　3000 克　　大米　2000 克

辅料　红糖　2000克　　菜油　500克

制法

将糯米、大米淘洗干净，入清水中泡透心后，用石磨磨成米浆汁，装入白布口袋内，吊干水分。将吊浆粉倒在案板上搓散，加入菜油揉匀，分成小坨，入笼蒸熟。红糖用刀切碎，加入蒸熟的米粉团内反复揉匀，再搓成宽7.2厘米，高3.3厘米的长条，冷后，切成厚1厘米的片即成。食时，锅置微火上，用菜油刷锅，黄粑片入锅，烙成二面黄，起锅入盘。

特点　软糯香甜。

注意事项　糯米、大米要磨细，无颗粒；红糖块切细为佳；一般是用菜油，缺菜油时，可用玉米油或猪油代替。

蛋烘糕

主料	面粉	1000克		
辅料	鸡蛋	500克	白糖	120克
	苏打	15克		
什锦甜馅	瓜条	200克	玫瑰	40克
	蜜枣	200克	炒花生仁(压碎)	150克
	炒芝麻	100克	炒洗沙	200克
	熟猪油	50克	白糖	100克
	樱桃	20克	芝麻酱	100克
咸馅料	虾米	30克	肥膘腿肉	500克
	特级酱油	50克	熟猪油	80克

味精 8克 绍酒 少许

制法

（1）将面粉倒入盆内，白糖溶化成水倒入面粉中，打鸡蛋蛋液入盆，用小木板搅匀，无粒时为宜。使用时，将苏打粉放入水中浸泡和匀。倒入面中，搅成干糊状，蛋面糊表面起小鱼眼睛泡时即成。

（2）什锦甜馅：除樱桃外，将九种馅料加工成细粒拌匀。咸馅料：虾米用绍酒浸渍，猪肉去皮和筋骨剁成末，熟猪油入锅，烧至七成油温，加肉末、豆油、虾米炒至刚熟，入碗内加入味精和匀备用。

（3）用特制的小圆铜锅，直径约 12 厘米，锅边高 1.3 厘米，锅置小烤炉上，用白布油刷蘸熟菜油少许于锅内，舀面蛋糊 70 克倒入铜锅内均匀铺平，加盖，放置炉上烘烤，随时调换方向，使受热均匀，约 1 分钟成熟。甜馅在烘烤至七成熟时，放甜馅料铺于糕上；咸馅，在五成熟时铺上，烘烤熟后，用钳对折为半月形，起锅即成。

特点 质地脆嫩化渣，清香，蛋味浓香，营养丰富。甜的芳香爽口，咸的油润鲜美。

注意事项 注意掌握火候，小火力即可。甜馅可分为八宝馅、樱桃馅、水晶馅等；咸馅如蟹黄馅、榨菜馅、火腿馅、鲜肉馅等。每个蛋烘糕的甜馅重 50 克，咸馅重 25 克为妙。馅少了会失去蛋烘糕的特色。苏打粉应根据温度高低不同，10℃时约提前 4 小时加入；30℃以上时，烘烤以前加入为宜。

锅贴饺子

主料	面粉	500 克	猪肥瘦肉	750 克
辅料	化猪油	100 克	母鸡汤	400 克
调料	酱油	50 克	绍酒	25 克
	胡椒粉	1 克	白糖	15 克
	味精	5 克	老姜	25 克
	葱白	25 克	香油	25 克
	精盐	10 克		

制法

（1）猪肉去皮洗净剁成泥茸，装入盘内待用。葱切为约 4 厘米长的节拍破，姜拍破和葱一起用 100 克清水浸泡取汁，放入肉泥，加精盐、白糖、绍酒、味精、胡椒粉，用力顺一个方向搅动，使之融为一体，再分次加入冷鸡汤搅拌，最后加香油拌匀即成肉馅。

（2）面粉留少许作扑粉外，其余用八成开的热水 250 克糅合成“三生面”，切成小块，待冷透后，搓成细条，揪成 40 个面剂，用小擀面杖擀成直径约 6. 5 厘米的圆皮，再包上肉馅捏成饺子待用。

（3）平锅放于小火上，淋上少许化猪油，将饺子放入锅内排列整齐，随即用少许温水注入锅中盖好，不断转动平锅使饺子受热均衡。经过四五分钟锅内发出水炸声时，揭开锅盖再加点油，又盖上锅盖，并转动两三分钟即成。

特点　饺底酥黄，饺子鲜香，营养丰富。

注意事项　饺子放于锅中，掺水时用长嘴水壶和长铲子；锅中间火力足，饺子应先起锅，以免烙焦；饺底要求酥黄为好。

附　　录

一、粥的制作方法

粥是将米淘洗净，放入净锅内，加足清水，置炉灶上，旺火烧沸后，改用中小火熬成粥的。

粥，可做成菜粥、药粥。据《黄帝内经》记载，我们的祖先，早在2000年前，就知道用药粥来养生和防病治病了。粥，对于老年人的养生保健、食补食疗、延年益寿十分重要。大诗人陆游亦曾赞叹：近来学得平易法，但将食粥致长生。

粥，虽属小吃，却已登上了大雅之堂。随着形势的发展，不少餐厅的宴席组合中，粥亦跻身于“小吃”行列。今特选一些粥的制作方法，向大家介绍。

大　米　粥

主料　粳米　500 克

辅料　清水　3500 克～4500 克

制法　粳米用清水淘洗干净，放入砂锅（钢精锅、或电饭煲）内、加清水，先用中旺火烧沸，除去浮沫，改用中火熬约 15 分钟，再用小火熬稠而成。

特点　此粥具有补中气，壮筋骨，通血脉，健身美容之功效。适用于老年、中年、儿童的需要。

注意事项　大米粥冬天宜稠，夏天宜稀，煮粥时用水量应灵活掌握。煮粥时要一次加足水，并防止粥沸腾时汁液外溢。

糯　米　粥

主料　上等糯米　500 克

辅料　清水　3500 克～4500 克

制法　糯米又称江米。将糯米淘洗净，放入净锅内，加水加盖、用中旺火烧沸后，改为中火烧 10 分钟后，再改用小火熬成粥。

特点　可补中益气，和胃止泻，适用于脾胃虚弱，消化不良，乏力自汗，小便多等症。

注意事项　小儿有病不宜食用。多食则热，容易发生大便干燥。脾虚气弱的人，食之黏滞，不易消化，不宜多食。妇女怀孕不可与鸡肉同食。

糯米粥，可加精盐或糖，根据食者爱好而定。

绿 豆 粥

主料 大米(粳米) 500 克

辅料 清水 3500 克～4500 克 绿豆 50 克

制法 选用上等大米和当年生产的绿豆。绿豆洗净后温水浸泡 2 小时。

净锅置旺火上，将大米淘净后与浸泡的绿豆一起下锅烧沸，改中火烧 10 分钟左右，再用小火，保持微沸，熬成稀粥。

特点 可清热解毒、止泻、消肿。适用于暑热烦渴，疮毒疖肿，降低血脂，高热口渴等。

注意事项 脾胃虚寒腹泻者不宜食用。一般冬季少食用。

赤小豆粥

主料 粳米 50 克 赤小豆 20 克

辅料 清水 700 克

制法 将赤小豆淘洗干净，温水浸泡 2 小时，倒入净锅内用中火烧沸，改用小火熬至赤豆破裂时。将米淘洗净，浸泡 30 分钟，连水倒入赤小豆汤汁内烧沸，用小火熬制成粥。

特点 具有利小便，清水肿，止泻痢等作用。适用于老年性肥胖，手足浮肿、小便不利，脚湿气，大便稀薄等人食用。

注意事项　有此种病的人连服10天；此粥营养丰富、久服，可促进人身体健康。

菠　菜　粥

主料　鲜菠菜根和叶　150克　　粳米　100克

主料　清水　1000克

制法　用新鲜菠菜叶与根洗净，撕开。粳米洗净，浸泡约20分钟，放入净锅内、加清水烧沸、改用中火烧10分钟、加菠菜后、再用小火熬至汁稠即成。

特点　能补血，和血，润肠。适用于缺铁性贫血，衄血、便血、坏血病，大便涩滞不通等症。

注意事项　肠胃虚寒，便溏腹泻，遗尿者，不食用。菠菜含草酸而味涩，先放入沸水内氽一分钟，捞出放入锅内熬成粥。

银　耳　粥

主料　银耳　5克　　上等糯米　50克

辅料　清水　1000克　　冰糖　100克

制法　将银耳洗净，用温水发胀后，再洗净。糯米洗净，放入清水内浸泡胀。先将银耳放入净锅内，加水烧沸，用中小火熬至银耳粑糯时，加入浸泡糯米汁水烧沸，熬至粥将稠时，加糖入冰糖溶化调匀，使甜味适口即成。

特点　具有滋补肺胃，益气补虚，止血的作用。适用于气血亏虚，过劳体弱；肺阴虚所致的干咳少痰，喉干喉痒，痰中带血，胃阴不足的口干口渴，便结，便血，痔疮等症。

注意事项 如有肺热咳嗽，肺燥干咳，咳痰带血，胃肠燥热，便秘下血，月经不调，以及血管硬化，高血压者，均可服用 10 天。银耳、糯米用量加大，熬一次粥可服用 3 天。感冒发热忌食。

龙眼莲枣粥

主料 粳米 50 克

辅料 龙眼肉 10 克　红枣 10 个

净莲肉 15 克　红糖 40 克

清水 900 克

制法 将粳米淘洗净，莲肉洗净，同浸泡 20 分钟后，放入净锅内，加水烧开，加红枣、龙眼肉入锅，用小火熬成稀粥，加红糖溶化即成。

特点 补中益气，养血生血。适用于身体虚弱，及各种贫血症的人食用。

注意事项 每日一碗龙眼莲枣粥，可长期食用，效果佳。

海　参　粥

主料 水发海参 50 克　粳米 100 克

辅料 清水 1000 克

制法　水发海参洗净，切成小薄片。粳米洗净，浸泡20分钟，连水放入净锅内，加水发海参烧沸，除去浮沫，烧10分钟，改用小火，保持锅内粥汁微沸，熬至粥稠时即成。

特点　补肾益精，养血抗衰。适用于精血亏损，体质虚弱，性机能减退，遗精，小便频等症的人食用。

注意事项　多服用，见效益佳。凡有脾弱不适，痰多，便秘者，不宜食。

红薯粥

主料　红薯　250克　粳米　200克

辅料　清水　3500克~4500克

制法　红薯洗净，切成块；粳米淘洗净，浸泡20分钟，一起放入净锅内，加水烧沸，除去浮沫，保持锅内呈中等沸腾现状，待米粒破裂，用小火保持微沸状态，熬成粥。

特点　健脾益胃，益气温中。适于维生素*A*缺乏症、夜盲症、大便带血、便秘、湿热黄疸等症的人食用。

注意事项　红薯粥要趁热吃之，若冷后食之，会引起泛酸，胃不适。糖尿病者不宜食用。

荷叶粥

主料　鲜荷叶　半张　粳米　250克

辅料　清水　2000克

制法 将荷叶洗净，撕成几大片，晾干水分。粳米淘洗净、浸泡20分钟左右，连水和米入净锅内烧沸，除去浮沫，用中火烧15分钟后，放入荷叶片，加盖用小火熬，待荷叶变色后，拣出荷叶，粥稠汁呈现绿色即成。

特点 粥味清香，清热解暑，升发脾阳，散瘀止血。适用于受暑热，头晕胸闷，夏季暑湿泄泻等症。

注意事项 荷叶质轻气香，入锅后，荷叶颜色变时，拣出荷叶。

腊　八　粥

主料	糯米	150克	小米	50克
	菱角肉	50克	红枣肉	50克
	桃仁米	20克	杏仁肉	20克
	花生仁	20克	松子仁	20克
	清水	2500克		
调料	白糖或红糖200克			

制法 将糯米，小米淘洗净，放净锅内加水烧沸，除去浮沫，加入花生仁、桃仁肉、杏仁肉、松子肉、菱角肉、红枣肉、待熬至八成熟时，加入红糖或白糖熬成腊八粥即成。

特点 用料多样、营养丰富，香甜可口。

注意事项 腊八粥人人均可食用。现在的腊八粥变化很大、口味可甜可咸，各地不一样。也有用羊肉、牛肉、猪肉，制作成咸味的腊八粥。

八 宝 粥

主料　糯米　100 克

辅料　百合　30 克　苡仁　20 克

龙眼肉　10 克　核桃仁　15 克

蜜樱桃　20 克　蜜冬瓜条　30 克

清水　2000 克　甜杏仁　10 克

调料　白糖　200 克

制法　将糯米淘洗净，浸泡约 30 分钟；干百合发涨，切成小块；苡仁洗净，浸泡涨；龙眼肉去泥沙；桃仁、甜杏仁、冬瓜条均切成丁。

净锅置中旺火上，糯米带水入锅，加入苡仁、加水烧沸，除净浮沫，再加入百合、龙眼肉、核桃仁、蜜冬瓜条、蜜樱桃、改用小火熬成粥，加白糖溶化即成。

特点　选料多种，营养丰富，强身健体，开胃益气，益肌肤，美容颜。是老少均宜，人人喜爱之食品。

注意事项　幼儿少吃，防止糯米不易消化。

山 药 粥

主料　糯米　100 克　生山药　250 克

辅料　清水　800 克

制法　将生山药刮去外皮洗净、切成片。糯米淘洗干净，浸泡 20 分钟，将糯米放入净锅内加水 800 克，烧沸，打掉浮沫，加生山药片，用小火保持锅内沸而不腾，熬成粥即成。

说明 山药味甘性平，入脾、肺、肾三经。与米熬粥，最善健脾胃、补肺益肾。能治脾胃虚弱、食少倦怠、便溏久泻、白带多、肺虚久咳等症。长期服用益气力，止泄泻，又能补肺固肾益精。

特点 此粥具有健脾养胃，补肺益肾的功用。适用于脾胃虚，脾胃倦怠，便溏久泻，白带多，肺虚火咳，虚痨咳嗽等。

注意事项 没有生山药，可用晒干的山药片，炒过的不能使用。

杏仁百合粥

主料	粳米	100克		
辅料	鲜百合	100克	杏仁	20克
调料	冰糖	50克	清水	1000克

制法 将鲜百合洗净（干百合30克，水发涨）；杏仁去皮和尖，洗净；粳米淘洗净，浸泡20分钟，连水倒净锅内，用水1000克烧沸，加百合、杏仁（拍破），用小火熬粥。加冰糖溶化即成。

特点 清热生津，润肺止咳。适用于病后虚热、干咳、不眠、口渴等症。

注意事项 每天食一两次，可连服一周。风寒咳嗽不能吃此粥。

莲桂芡实粥

主料　粳米　50 克　莲肉(去心)　60 克

辅料　芡实　15 克　桂圆肉　15 克

清水　1000 克

调料　白糖　30 克

制法　粳米、莲肉、桂圆肉、芡实洗净入锅，加清水 1000 克烧沸，改用小火熬成粥。加白糖溶化即成。

特点　此粥具有健脾益智，养心安神。适用于心脾两虚，心悸，虚烦不眠等症。

补气血粥

主料　黄芪　30 克　人参　5 克 ~ 10 克

大米　150 克　枸杞　15 克

辅料　清水　1500 克

制法　将黄芪、人参洗净，切成极薄片，装于双层纱布袋内，扎紧浸泡 20 分钟。枸杞洗净，沥干水分。大米淘净、浸泡 20 分钟。大米、药袋入净锅内，加水烧沸，打掉浮沫，锅中保持沸而不腾。待要熬制成粥时，加入枸杞，提出药包即成。

特点　具有补正气，治虚损、健胃，抗衰老作用。适用于劳倦内伤，五脏虚衰，年老体弱、久病羸瘦、心慌气短，体虚自汗，食欲不振，慢性泄泻等症。

注意事项　本粥只限于虚性病人食用。凡有热症，实热病人均不得服用。人参价贵，可用党参40克。吃补气血粥时，不能吃萝卜，喝浓茶。

参麦粥

主料　粳米　50克

辅料　花旗参　3克　麦冬　9克

淡竹叶　6克　清水　1000克

调料　白糖　10克

制法　将西洋参烘干研成粉末，麦冬、淡竹叶洗净，用纱布包扎紧。净锅置中旺火上，加清水1000克，放入药包、粳米（淘净）烧沸，改用小火熬至七成熟时，提出药包，加入人参粉末，待米成粥时，加白糖即成。

特点　滋阴益气，清热除烦，利水通淋。适用于气阴两虚的烦渴、口干、乏力、尿黄等症。

注意事项　每天一次，五天为个疗程，解除烦渴后停用。西洋参价高，可改用沙参20至30克。

杞菊葚麻粥

主料　粳米　60克

辅料　白菊花　30克　枸杞　15克

桑葚　25克　黑芝麻　20克

清水　1000克

调料　白糖　15克

制法　将白菊花、枸杞、桑葚、洗净加水，煎成药

300 克～400 克。黑芝麻炒酥压碎。粳米淘洗净，入净锅内加清水 200 克、药汁烧沸。用小火再加芝麻熬成粥。加白糖溶化即成。

特点　养血滋阴，清热，强肝肾。适用于肝肾阴虚，引起肝阳上亢的头晕，耳鸣腰酸，手足心热麻症。

注意事项　每天一剂，连食一周。粥宜稀，不宜干。

松蓉香粥

主料	粳米　70 克		
辅料	肉苁蓉　25 克	松子仁　30 克	
	清水　700 克		
调料	蜂蜜　30 克		

制法　将肉苁蓉，松子仁洗净，烘干压成粉。粳米淘净，浸泡 20 分钟后，放入净锅锅内加清水 700 克，烧沸，打掉浮沫，加肉苁蓉，松子仁粉，改用小火熬成粥。加蜂蜜调匀即成。

特点　滋阴润肠通便。适用于血虚肠燥便秘，面色萎黄，头晕心慌等症。

注意事项　一日一剂，可食用一周。

补元气粥

主料	粳米　100 克	
辅料	黄芪　20 克	党参　20 克
	菟丝子　20 克	红枣　10 个

清水　1000 克

调料　白糖　15 克

制法

将黄芪、党参、菟丝子洗净，加热水浸泡 30 分钟，用纱布包扎紧。红枣洗净、去核，切碎；粳米淘洗净，浸泡 20 分钟。药包、粳米倒入净锅内，加清水 1000 克烧沸。打掉浮沫，加红枣，用小火熬成粥。加白糖即成。

特点　此粥具有补元气，益肝肾的作用。适用于精神不振，四肢无力，懒于活动、说话无力，声小，脉象无力等症。

注意事项　每天一剂，早晨食用，连食 10 天可见效。

二、筵席面点配备组合

筵席，又称酒席。在我国，每逢喜庆节日或迎宾待客，都要聚众宴饮，以表祝贺或联欢。在与国际友人交往中，筵席也成为不可缺少的礼仪之一。

现代宴会分为国宴、正式宴会、便宴、家宴、招待会等。招待会又可分为冷餐会、酒会。按筵席的质量可将筵席分为高级筵席、中级筵席、普通筵席。

现代筵席组合及其结构，是经过长期的实践和改革而逐渐形成的。一般由凉菜、热菜、面点小吃三个部分（若加上随饭菜、水果，则为五个部分）组成。

川菜筵席面点小吃的配备，比较灵活多变，总的要求是质佳、味鲜、色美、形秀。其配备的原则大致有以下几点：

（1）一桌筵席，一般是上 2 道 ~5 道面点。

（2）配制面点小吃的数量、质量，均根据筵席档次的高低而定。高级筵席配备精致、美观、质量高的面点，普通筵席则只备一般的面点。

（3）四季气候不同，食者对饮食的要求也不同，因而配制面点的品种，应随之而有所变化，同时应尽量与筵席的热菜配合好。如二汤菜，最好配咸鲜味的面点。

（4）四川省是多民族地区，兄弟民族的生活习俗、饮食爱好各不相同。因此应根据各兄弟民族的饮食习惯，为其配制相应的面点小吃。

（5）国际友好交往不断增加，国际旅游事业日益发展，应当在了解不同地区的国际友人的生活习惯的基础上，按其饮食爱好和风俗习尚配制面点，特别要注意其禁忌的食品。

川菜筵席上配备面点小吃是有其传统习惯的，有的小吃供席上食用，有的是备宾客携带回家与家人共同享用的“杂包”。四川农村习称的“杂包”，多为席上提供的蒸、烤、烙之类的糕点。现代筵席配备点心的目的，是为了更好地与菜肴配合，增加筵席的丰满气氛。如上叉烧火腿时配上面包，用面包夹火腿更具风味。如为品尝名小吃，可在热菜上席之后，陆续上 3 道 ~5 道名小吃，边饮酒，边品尝。

现将筵席按时令配备面点、小吃举例于后。

春季菜单（海参席）

凉碟：盐水鸡片　　椒麻鹅掌　　五香鱼条
　　　仔姜鸭片　　陈皮牛肉　　怪味桃仁
　　　糖醋笋卷　　银粉三丝　　桂花冻
热菜：一品海参　（配金丝面）
　　　生蒸火腿　（配面包）
　　　推纱望月　（配如意春卷）
　　　富贵鸭子　　干烧岩鲤
　　　银杏鸡豆花　鸡油蚕豆
　　　冰糖银耳　（配三色蛋糕）什锦鐩子
　　　八宝粥或补元气粥
四饭菜：炒杂办　榨菜肉丝　碎肉萝卜　蚂蚁上树

夏季菜单（鲍鱼席）

凉碟：彩盘：丹凤鸡花
　　　围碟：红莲番茄　百合蟠桃　清炒芋片
　　　姜汁豇豆　椒麻肚丝　糖醋蜇卷
　　　陈皮兔丁　虾须肉丝
热菜：菊花鲍鱼　金山寺凤腿（配荷叶饼、生菜碟）
　　　龙眼海参镶鸽蛋　　　干烧鲜鱼
　　　红珠烩丝瓜卷　　　　葫芦鸡
　　　鱼鳞茄
　　　湘莲泥　　　　　（配橘羹汤带玫瑰酥）
　　　双色明珠蹄燕汤　（配金钩小包）
　　　绿豆粥或荷叶粥

四饭菜：青椒肉丝　麻婆豆腐
　　　　烩泡豇豆　干煸苦瓜

秋季菜单（鱼肚席）

凉碟：彩盘：金鱼闹莲
　　　围碟：烟熏鸡条　白酥鱼　皮铡丝　发菜卷　醉冬笋
　　　　　　盐水鸭
热菜：三鲜鱼肚
　　　双色锅贴　（配面包）
　　　竹荪肝膏　（配玉兔饺）
　　　八宝鸭子　（带生菜）
　　　佛手鱿鱼　红烧肥头
　　　干贝冬瓜方（配牡丹酥）
　　　银耳果羹
　　　菊花火锅
　　　山药粥或龙眼莲枣粥
四饭菜：鱼香油菜薹　糖醋银针
　　　　炝莲白　　　香油榨菜

冬季菜单（凤翅海参席）

凉碟：棒棒鸡丝　五香熏鱼　花椒肉丁
　　　香油糟蛋　莲白卷　发菜卷
　　　椒麻肫肝　红松
热菜：凤翅海参
　　　叉烧火腿　（配软饼）
　　　凤眼鸽蛋　（配玻璃烧卖）

干烧岩鲤　清蒸鸭子
叉烧酥方　（配火夹饼、葱、酱、蒜）
梅花嫩鸡
冰汁广柑羹　（配枣糕）
生片火锅
腊八粥或补气血粥

四饭菜：火爆双脆　家常鸡丝
素炒豆苗　拌凤尾

高级筵席

凉菜：彩盘：　孔雀开屏
四对镶：　灯影牛肉——白汁韭黄
绍兴醉鸭——蜜汁番茄
五香熏鱼——葱油白菜卷
冰糖兔丁——甜味芋松

热菜：家常海参　生煎兔饼
竹笋肝膏　松鼠鲜鱼
青椒鸡丝　干煸鳝鱼
酱烧茄子　银耳菠萝冻
三鲜鱿鱼汤

小吃：凉糍粑　鸡丝凉面　鲜肉小包
瓦块酥　红枣油花　绿豆羹
银耳粥

水果：时鲜水果一盘

小吃便宴

凉碟：冰糖兔丁　芝麻肉丝　葱酥鲫鱼

油酥仔鸭　葱油蒜薹　珊瑚雀翅

热菜：家常鱿鱼　樟茶鸭子　清汤鱼卷

干烧鲜鱼　酱烧仔茄　鸡豆花汤

小吃：赖汤圆　珍珠圆子　担担面

叶儿粑　红油抄手　蛋烘糕

银耳羹　玻丝油糕　杏仁百合粥

水果：双色水果一盘